Android/NXT
機器人大戰

智慧型手機
控制機器人

林毓祥、曾吉弘、**CAVE**教育團隊 著

前言 CAVE教育團隊

　　CAVE教育團隊致力於提供優質機器人科學教材與服務，主要服務項目為設備代理、技術研發、教學研習以及書籍出版等。自從去年順利地出版了三本書:《機器人新視界:NXC與NXT》第二版、《機器人程式設計與實作——使用Java》以及《LabVIEW高階機器人教戰手冊》之後，我們就在思考如何進一步為許多第一線的師長與夥伴們提供更優質的機器人教學內容。適逢智慧型行動裝置（手機、平板電腦）開始普及，而其上許多裝置例如Wifi、GPS以及各類感測器等，皆可讓機器人大幅提升其功能，也非常適合資訊、機電相關科系的學生們應用於自動控制或是嵌入式系統等課程。

　　本書很榮幸能獲得國立台灣師範大學許陳鑑教授、國立台北教育大學范丙林教授、清雲科技大學魯大德教授以及樹德科技大學胡舉軍教授之熱情推薦，並感謝資深業界前輩Bridan於本書開發過程中協助審閱校訂並提供許多寶貴的建議。在此本團隊還要特別感謝建國中學林祥瑞同學（機器人研究社社長）在範例程式上的大力協助，與祥瑞合寫《機器人程式設計與實作——使用Java》一書時即感受到他對於機器人的熱忱以及數理方面的濃厚興趣，實屬難能可貴。感謝馥林文化全體同仁在本書編寫過程中的專業指導與協助，讓本書得以順利出版。CAVE教育團隊一路走來實在是收到許多師長與好友們的支持與鼓勵，期待很快可以與您在下一本書見面。

CAVE教育團隊 謹致

民國百年 夏

推薦序　許陳鑑

　　機器人相關產業在近年來蓬勃發展，被認定是一極具潛力的明星產業，因應這種發展趨勢，在政府、產業界與教育單位的積極推動下，機器人教育所受到的重視也與日俱增，各大專院校都開設有機器人相關課程，協助學生積極做好準備，迎接機器人產業化代的到來。

　　綜觀機器人產業之特性，具有極高之系統整合性，對於人才之需求非常強調系統整合之訓練、團隊合作、創意、以及實務能力之養成。因此，如何透過小組方式、以專案為主、動手做的課程設計，以教導學生全方位的能力：解決真實問題、跨領域學習、主動參與、獨立自主、團隊合作，便變得非常重要。樂高 MINDSTORMS NXT 在機器人教育之所以能夠快速發展與成功推廣，即是因應這種實作學習（Learning by doing）的最好典範。多年來 CAVE 教育團隊曾吉弘先生等人，以樂高 MINDSTORMS NXT 作為學習平台，一路從 NXT 圖形化程式開發、LabVIEW 高階機器人控制，到以 C 語言（NXC）控制樂高機器人，提供讀者以做中學方式，搭配各種程式來進行機器人開發，培養許多學子進入機器人的領域，對於機器人教育之普及與發展，功不可沒。本書《Android / NXT 機器人大戰——智慧型手機控制機器人》是該團隊著眼於 Android 裝置與機器人相結合之發展趨勢所編寫的程式設計教材，首先帶領讀者逐步建立 Android 程式設計之基礎，並以專題形式詳細介紹機器人與 Android 裝置結合之各種應用，諸如將手機做為中控台來擷取機器人感測器資訊、語音辨識、文字轉語音以及透過無線網路來遠端遙控機器人等功能。另一方面，作者群也針對時下最熱門的觸碰與感測器課題提供了許多有趣的應用，包含單點觸控、多點觸控、手勢控制以及手機上的水平儀、加速度感測器來控制機器人的運動效果。透過本書的介紹，讀者必定更能掌握行動裝置未來的發展趨勢與各種應用上的可能性，一窺機器人控制之堂奧。

　　作為大學機器人相關領域之教育工作者，本人非常樂於推薦本書，也相信本書所帶來的啟發定能激發讀者對於機器人學習的熱情，培養學以致用的能力，引導讀者發展出更高階之機器人應用。

許陳鑑

國立台灣師範大學 應用電子科技學系

推薦序　范丙林

與曾吉弘先生認識已經5年多了，剛認識他的時候，也是因為接觸樂高機器人教學活動的緣故，當時就受到他對樂高機器人教學的熱情與執著，而深受感動。後來他考上本校的玩具與遊戲設計研究所，也因此與他多了許多互動，在幾次樂高機器人教學活動中，也看見到他的活動經營與主持能力，尤其在一次機器人教學論壇上，曾吉弘先生擔任英語口譯的場合，更令人見識到他的英語應對功力，著實令人印象深刻。這幾年來，曾吉弘先生仍不斷致力於樂高機器人教學教材的規畫與開發，也已經累積了相當不錯成果，敝人也為這位校友的表現與成就感到驕傲。

選擇適當的教材，不僅是教學者的責任與義務，也是學習者最傷腦筋的一件事情。而透過一套適性化安排的教材，利用詳細的範例演示，常常可以降低學習者的學習障礙，而達到其學習目標。國立臺北教育大學數位科技設計學系（含玩具與遊戲設計碩士班）所從事的教學研究主要是針對數位娛樂設計，如數位遊戲、互動裝置等數位產品領域的應用設與開發，而敝校的數位科技設計學系、資訊科學系（所）與進修推廣教育部合作開設的相關樂高機器人教學活動，也是敝校的寒暑假的熱門推廣課程之一，也常常覺得這樣的一個樂高機器人教學主題與教學載體，可以得到的不錯的教學效果。

本書《Android／NXT機器人大戰──智慧型手機控制機器人》，嘗試將樂高機器人的開發設計延伸至Android手機平台上，使得樂高機器人的控制平台又多了一個嶄新途徑。當敝人拿到曾吉弘先生所給的手稿時，詳細閱讀其內容後發現，與一般坊間的相類似書籍比較時，本書內容安排上更注重實際操作的應用與實務設計經驗的分享，更採用以觸控與感測為應用主軸，提供了更多樂高機器人的控制程式範例，不僅將Android手機程式設計做深入探討，也對Android手機內部的特殊感應器控制如加速度、轉動、磁場和溫度等感應器，甚至GPS的控制與應用設計都有詳細的介紹。對於想針對Android手機與樂高機器人的控制介接進行深入了解的讀者，相信本書應該是一個不錯的選擇。而本書也為曾吉弘先生的豐富教學資源的開發工作，再多添加一利器，在此也恭喜他！

相信在本書的帶領之下，讀者將能夠探索Android所引領出來的種種新奇觸控體驗，而且對Android手機內部的特殊感應器的應用設計能有一番體驗，而此一嶄新的觸控技術結合行動通訊的應用，相信能夠位讀者帶來一個全新的樂高機器人控制樂趣，也能在數位科技設計領域的學習過程中，增添許多驚喜。

國立臺北教育大學 數位科技設計學系（含玩具與遊戲設計碩士班）

數位遊戲與多媒體設計實驗室

范丙林 于 2011/05/24

推薦序　魯大德

　　五年前在科博館為小四的兒子俊華買進第一套可程式化樂高機器人，樂高就成為家中小孩的最愛，不但如此連就讀哈佛研究所的姪子也被樂高多變化性所吸引。吉弘以樂高 MINDSTORMS NXT 機器人教育學習套件為機器人平台，介紹機器人之機構、結合程式寫作，學習機器人控制原理與設計並在本書的引導下發揮創意製作專題實務。

　　NXT 機器人所配備的基本感應器有光強度、聲音、觸碰和超音波四種，就感知能力來說並不是很足夠，作者將 Android 手機上的加速度、轉動、磁場和溫度等特殊類型的感應器稱之為 Android 百寶箱和藍牙通訊結合，讀者可以充分發揮創意於樂高機器人，體會到同樣是控制機器人，方法卻是千變萬化。除此之外本書作者藉由多年實務的教學經驗在關鍵程式碼做重點的提示，這是一般書籍較無法達到之處。

　　本系於99學年第二學期起導入智慧型樂高機器人及 Android 手機程式應用等嵌入式整合應用學程課程，期待本系同學能藉由此書之幫助將所學之程式應用於 NXT 機器人並發揮個人創意。本書除了可以適用於一般課程實務教學外也可以運用於大學及高中職專題製作教學活動，藉由此書之引導，參與桃竹苗策略聯盟楊梅高中、永平工商、新興高中、啟英高中等學校師生皆能享受專題製作的樂趣。

清雲科技大學資訊工程系主任

魯大德

序　林毓祥

旅程的第一章始於那年寒假的機器人營隊。

跟老套的電影劇情一樣，我打著別的主意去參加活動，卻在活動中意外地發現了自己的熱誠。那天開始，彷彿挖掘機器人的世界變成了我的使命，我就像著火般急切學習機器人的相關知識。

這把火起因於兩件很神奇的「東西」。第一個是樂高 MindStorm 9797 系列，該系列有許多機械構件和機器人最基本的感應器、伺服馬達及控制器。如果單獨拿出構件來看，會以為是某知名速食業者為了促銷而隨餐附贈的玩具，然而當它們彼此相遇時，卻會激盪出無限多種可能！樂高的每個機械零件就像是邏輯的基本單位，每種組合都代表著一種新的邏輯組合。就軟體來說，NXT 主機更是讓我驚艷，原因在於它的變化除了很廣外，還可以很深。小從簡單的指令式控制，到迴授 PID 控制、FUZZY 理論等複雜數學理論實現。使用樂高，我可以在很短的時間內呈現出設計理念、應證想法的可行性，更能滿足工作之餘內心小小的童趣。

然而樂高只是火源，要讓一把火熊熊不停燃燒，它需要另一個神奇的東西——助燃劑。這趟旅程中的助燃劑就是阿吉老師。他總是可以挖掘出許多機器人的新鮮主題，這些新鮮主題都會是我們往後努力研究的對象。雖然他歲數大我很多，但只要和他討論到機器人，就能感受到他那有如男孩般純粹的熱誠。可以說我的使命感是因為他對於機器人的使命感而越燒越旺。對於任何能推廣機器人的資源他都不曾放過，從寫書到辦研習、講課……，以阿吉老師為鏡，我發現了許多自身能力的不足，讓我更加警惕、不敢在學習的道路上有所怠慢。

因為阿吉老師的推薦，我一年前開始玩起 Android 手機程式，並想辦法讓手機和 NXT 機器人結合。其實這部分在國外有許多的案例，但皆限於個人成果抑或作品重複性質太多，較缺乏有系統的整合性知識。剛好我也玩出一些心得，在阿吉老師的建議下著手寫起了這本書。過程是辛苦的，也受到許多人的幫助，感謝業界前輩 Bridan 先生給予這本書許多的建議與指正，感謝台大土木康仕仲教授提供學生充足的設備研究，這本書的完成我要感謝好多人。不敢說是大作，卻是我們這一路玩下來的整理和紀錄。書中內容是我們精心整理過，由淺入深，程式範例在機器人實作上則以實用為主，希望讀者在讀過本書之後，對於日後的應用能有所助益，並對機器人有更不一樣的認識。

毓祥

序 曾吉弘

　　科技的進步使許多之前的不可能變為可能，十年前又有誰能想像到玩機器人變成全民運動？CAVE創辦至今剛好三年，我們已經出版了數本機器人程式書籍並於國內外辦理了數十場研習。接下來CAVE會朝著專業機器人教育團隊這個方向來努力，持續投入機器人教育研究的第一線。能有如今的小小成績，我需要感謝默默支持我的家人、朋友以及學生家長們，另一方面我也感謝各級學校老師的邀約，能有機會與最前線的教學前鋒們分享交流，真的是無比開心的事。每次研習結束之後我都覺得我得到的比給出去的更多，這就是教學相長的原動力。從今年開始，我開始在許多學校擔任業界講師，感謝許多老師的支持愛護，讓我能有機會了解實際教學上的需求，持續精進CAVE所能提供的服務。

　　時代正在快速變遷，Windows 8即將有ARM處理器的版本，Intel也推出Meego應戰，不再以Windows馬首是瞻，這代表傳統的Wintel架構面臨嚴峻的挑戰。另一方面智慧型行動裝置以及網路的普及，正以無法想像的速度在改變我們的生活。看看路上的人們，愈來愈多人忙著將自己當下的心情、見聞甚至位置透過手機分享出去。Facebook按一下讚，全世界的人都馬上知道了。這股浪潮來得既猛且快，即便是Nokia也得讓出原本在手機產業獨霸一方的王座，現在談到智慧型手機，不是iphone就是Android，不做第三人想。Google挾其雲端、開放原始碼等優勢，未來與蘋果的大戰精采可期。我們隨即會在今年底出版使用Google App Inventor的Android程式設計書籍，適合有心學習Android程式設計的朋友們由此踏出第一步，雖然Google App Inventor為較簡易的開發介面，但仍適合做為教學使用。

　　我必須在此特別感謝CAVE團隊的所有同仁，在一同努力的過程中忍受我各種近乎習難的要求，雖然我已努力成為阿「慢」老師，不過從名字來的急（吉）躁還是常常逼得大家喘不過氣，再次感謝大家的包容。讓我們一起攻向下一個山頭吧！

　　　　　　　　　　　　　　　　　　　　　　　　　　　　　　　　　　吉弘

目錄　第1章～第4章

CHAPTER {04} leJOS 機器人控制方法

目錄　第5章～第9章

CHAPTER {08} Google App Inventor

CHAPTER {09} 〔PROJECT ——按鈕控制〕

目錄　第10章～附錄

CHAPTER
{ 01 }
Android 來勢洶洶

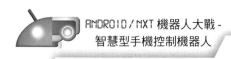
Android 來勢洶洶

Android 來勢洶洶

　　自從 2007 年 11 月 5 日正式發表開始，**Android** 這個詞彙開始出現於各大科技專業報章雜誌，以 **Android** 為作業系統的行動裝置也從 **2008** 年的第一支 **HTC Dream**（別名 **G1**）逐漸增加到目前已超過上百種，而採用 **Android** 的行動裝置的種類更從手機逐漸擴展至平板電腦、**GPS**、**NetBook**，甚至車用資訊中心。

　　讀者們將可以從本章了解 **Android** 的發展歷史、**Google** 對於 **Android** 的市場定位、**Android** 的系統架構以及 **Android** 的未來發展。

1-1. 智慧型行動裝置浪潮

　　就從講古開始吧，但暫且不提遠古時期的 Palm 以及 Windows Mobile 6.5 等「PDA 手機」(註一)，讓時光回溯至 2006 年（是的，3C 產業的 5 年前已經算是古代了），當年 Google 已成為搜尋引擎之霸主，其手上擁有之資源，尤其是現金，多到不知如何利用時，除了繼續壯大那已令它名利雙收的搜尋引擎之外，同時也開始將研發觸角擴展至其他的計畫，包括 ADAPT 的無人自動車、潮汐發電以及智慧型行動裝置。

　　隨著 Apple 於 2007 年 6 月發表了叱吒市場三、四年的 iPhone，其從 Mac OS X 移植過來的作業系統 iOS 完美地整合了手機、PDA、iTunes 等應用，同時又將觸控螢幕的硬體操控能力發揮到淋漓盡致等等讓消費者驚艷的表現，再加上創意十足的 App Store 供第三方程式設計師配合軟體銷售所帶來的龐大收益，讓原本平靜的手機市場再起波瀾，更讓各大 3C 產業公司亟欲發展自有產品及相似的商業模式以儘快從市場裡分得一杯羹。

　　Android 是一個作業系統的名稱，也曾經是一家公司的名稱(Android Inc.)，Android 的開發目標即是為了消費者提供一智慧型行動裝置的作業系統，當時 Google 挾帶本身所擁有的包含搜尋引擎、Google Map、Gmail 等已在市場上既存的優勢服務，市場上傳言 Google 將仿效 Apple 開發自有品牌手機，並將以 LBS(Location-Based Services，註二) 之創新應用準備強勢進入當時的手機市場，而 Google 在 2005 年買下 Android 這家公司後就秘密地以 Android 為基礎進行手機作業系統的開發。然而令市場詫異的是，Google 並未如眾人預期的仿效 Apple 自行開發包含軟硬體的品牌手機與 iPhone 直接競爭，卻是在 2007

年11月5日帶領了一群尚未在電信服務或手機軟硬體等手持行動裝置產業獲得市場認同的公司，組成了開放手持裝置聯盟 (Open Handset Alliance，OHA)，同時也發表了他們的行動裝置平台，就是 Android，此時各方評論方才恍然大悟，原來 Google 要走的是一條與 Apple iPhone 不同的路，而且仍然秉持著 Google 一直以來開放而且免費的精神，讓耗費巨資開發出來的 Android 成為開放式行動裝置作業系統，硬體廠商只要遵循 Google 的版權規範，即可以免費販售以 Android 為作業系統的任何行動裝置。

Google 著眼的不是眼前的軟體或硬體的利潤，而是期待未來能藉由龐大的 Android 行動裝置數量，在市場上提供更多的加值服務，而這些加值服務所能帶來的商業利益絕非如目前一般硬體廠商辛苦地販售手機所得利潤可以比擬，因為 Google 已經用 Google 本身成功的經驗證明了它的可能性，它只是將相同的商業模式再度複製於行動裝置產業。

1-2. Android 系統架構與軟體開發

本書著重於 Android 與 NXT 間之軟硬體溝通與程式設計，故本節將由軟體開發的角度說明，以便讀者能對 Android 系統架構有基本的了解。

Android 雖然也是植基於 Linux，但不同於一般 Linux 行動裝置 (Linux for Mobiles，LiMO) 硬體廠商的做法，其作業系統專屬於特定之裝置，不僅不易移植亦無未來升級之可能性，更無第三方軟體供應商可提供軟體服務；Google 將 Android 定位於更高層次之泛用型行動裝置作業系統，以便於未來可應用於更多樣的裝置上，並保留作業系統升級的可能性，最重要的是開放式的架構將吸引無數的軟體廠商與開發人員共同協力打造各式各樣的應用。

就軟體開發而言，植基於 Linux 的 Android 當然可以用 C 開發原生的應用程式（Native App），但著眼於 Java 語言已經在市場上發展成熟，擁有源源不絕的程式設計師，Google 決定讓 Java 成為 Android 上最主要的開發方式，目的是要讓 Android 能夠在眾多開發人員的共同努力之下成為一個泛用型的行動裝置作業系統。Android SDK 支援幾乎所有目前的 Java SDK，除了與展現層有密切關係的 Abstract Window Toolkit (AWT) 和 Swing 因為 Android SDK 已有專屬的圖形介面架構而未被支援，Android SDK 的開發方式與環境均 Java 的世界完全相容。

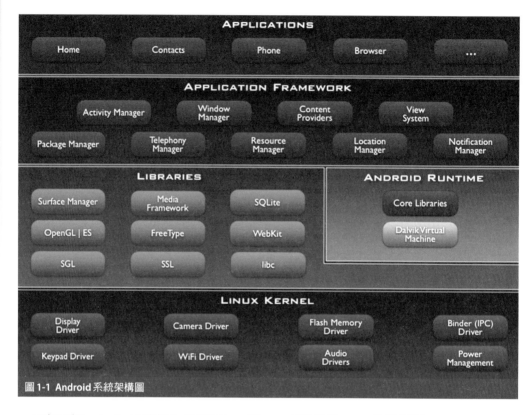

圖 1-1 Android 系統架構圖

　　可想而知，Android 的核心必然存在一個 Java 虛擬機器 (JVM) 負責解譯 Java byte code，Google 為 Android 開發了 Dalvik 這個 JVM 用來執行編譯過的 Java class 以最佳化在 CPU、記憶體、電源等硬體環境有多重限制的手持裝置，但原本 Dalvik 並不是針對 Java 設計的，它認識的指令集不是 Java byte code，而是 Dalvik executable(簡稱 dex)。為此 Android 也提供了一個工具 dx，可以把 Java byte code 再轉譯成 dex 供 Dalvik 執行，而每個 Android 應用程式都會有一個專屬的 Dalvik 虛擬機器 (instance) 負責執行。

　　談到這裡其實已經進入了 Android 的系統核心，此時讀者們可以看一下 Android 的系統架構圖。圖 1-1 由下到上可以看到 Linux kernel、Libraries、Android Runtime（包含 Core Library 及 JVM）、Application Framework 與 Applications。

　　而基於目前作業系統設計的潮流多採用硬體抽象層（Hardware Abstract Layer, HAL）架構，在 Android 基本的系統架構上也提出了 Android HAL 架構（圖 1-2），HAL 架構可以把 Android framework 與 Linux kernel 隔開，同時也可迴避 Linux 於商業應用上可能的法律爭議。

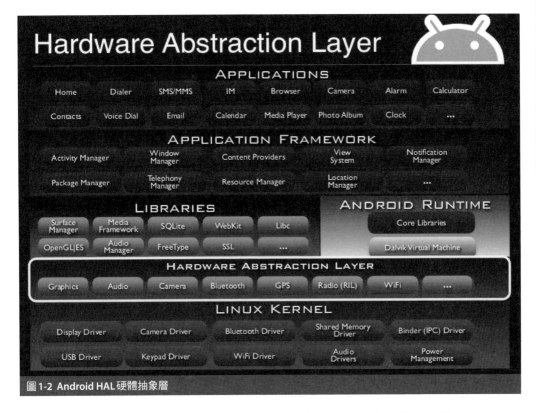

圖1-2 Android HAL硬體抽象層

　　對程式開發人員而言，上述系統架構只要有基本的了解，接下來再熟悉Android SDK就朝向Android程式開發的大門再邁進了一步。

　　Android SDK是一整套完整的開發工具，包含了公用程式庫、除錯器、手機模擬器、範例程式以及教學參考文件，支援Linux、Mac OS X和Windows等作業系統，已經熟悉Java程式開發的讀者們也可以直接在Eclipse這套IDE裡直接安裝Android Development Tools (ADT) Plugin，當然也有程式設計界的大神們堅持不使用任何IDE協助開發，直接用記事本寫程式、在command line的環境裡進行測試與除錯，筆者並不反對（還會獻上崇高的敬意），只是不適用於大多數的開發人員。

　　除了上述傳統的開發方式之外，Google於2010年7月又發表了App Inventor for Android，這是一套線上且圖形化的軟體開發工具，只要稍具邏輯概念，就可以在瀏覽器中將軟體元件拖拖拉拉地組合在一起，快速地打造出一個完整的Android應用程式，此部分另有其他專書進行探討。

Android 來勢洶洶

1-3.Android 版本歷程

　　Android 自從發表之後，平均約每半年即有一次明顯的升級，而從 1.5 版開始每代 Android 系統都以甜點的名稱為代號（可能因為在 Google 工作的人天天都有免費的甜點吃，已經吃成精了），同時以英文字母 C 字頭的甜點開始命名，依字母順序排列，1.5 版是 Cupcake（紙杯蛋糕），1.6 版是 Donut（甜甜圈），2.1 版是 Éclair（閃電泡芙，一種法式奶油夾心甜點），然後是 2.2 版的 Froyo（冷凍乳酪）、2.3 版的 Gingerbread（薑餅），以及 3.0 版專屬於平板裝置的 Honeycomb（蜂窩，小熊維尼的甜點...）。並將於 2011 年下半年發布可同時用於開發手機與平板裝置的 2.4 Ice Cream Sandwich，足見 Google 對於智慧型裝置的重視。

　　以下是為有興趣了解 Android 發展史的讀者們所整理的 Android 各個版本名稱代號、發表日期以及重要演進：

表 1-1 Android 版本演進		
名稱代號	**發表日期**	**重要演進**
Beta	2007/11/05	
1.0/1.1	2008/09/23	• 第一支 Android 手機 HTC Dream 同時公開亮相 • Android Market 啟用 • Google App 與 Android App 整合
1.5 (Cupcake)	2009/04/30	• 發表 Widgets 供嵌入其他 App • 使用攝影鏡頭錄影 • 可上傳影片 / 照片到 YouTube/Picasa
1.6 (Donut)	2009/09/15	• 語音與文字搜尋可使用於 App • 大幅改進 Camera, Camcorder 及 Gallery 等多媒體應用 • 支援 CDMA/EVDO, 802.1x, VPNs
2.0/2.1 (Eclair)	2009/10/26	• 修改使用者介面 • 導入 HTML5 • 支援 Exchange ActiveSync 2.5

2.2 (Froyo)	2010/05/20	• 採用 JIT 編譯器加速 App 的執行 • 整合 Chrome 的 V8 JavaScript 引擎 • 支援 Adobe Flash • 支援 USB tethering 及 WiFi hotspot
2.3 (Gingerbread)	2010/12/06	• 改進使用者介面 • 改進軟體鍵盤及 copy/paste 之功能 • 支援 NFC(Near Field Communication)
3.0 (Honeycomb)	2011/02/22	• 專供平板電腦使用 • 改進使用者介面 • 專供平板電腦使用之軟體鍵盤與 App • 支援多核 CPU

下一版本 Android 的名稱已經確定叫做 Ice Cream Sandwich（冰淇淋三明治），預計將於 2011 年年底發表，這個版本將整合 2.3 及 3.0 兩個版本，將可同時使用於 Android 和平板上。

1-4.Android 授權

雖然 Google 標榜 Android 是一個免費的開放作業系統，但基於 Google 本身的商業利益考量，整個 Android 平台仍有以下三種授權方案：

1. 依 Android 開放源碼特性的開放性授權方案，廠商可免費使用 Android，但不能預載 Google 應用程式。
2. 與 Google 簽署出版授權方案，此方案可預載 Google 應用程式，但廠商可以限制該款手機所存取的 Android Market 應用程式。
3. 可以在手機上印上 Google 商標的 Google Experience 授權方案，Google Experience 授權方案，該款手機可以自由存取 Google 及 Android Market 應用程式。

第一類授權代表示該硬體的 Android 系統是由廠商自行下載 Android 原始碼後移植到硬體的，硬體上的各種使用者介面或是應用程式就由廠商自行研發或外購整合（或甚至什

麼都不做），也就是說對廠商而言 Android 免費，但不會有 Gmail、Google Map 等 Google 應用程式，大多山寨機都屬此類。

第二類就是經過Google授權的硬體裝置，可以預載Google的應用程式如Gmail、Google Map等，廠商必須支付授權費，但不能上 Android Market 購買並下載應用程式。

第三類是除了已經過Google授權，Google也同時參與了產品研發，故Google的應用程式在這類手機上都會出現，同時也可以上 Android Market 購買並下載應用程式，這種裝置的機殼上可以印上"with Google"的標誌，這是與第二類手機在外觀上最大的差別，HTC 的系列機種還有遠傳小精靈IDEOS都屬於本類授權。

其實還有一種Android手機完全不須考慮上述三種授權，那就是Google自行生產的Google 品牌手機，目前已有兩款：由HTC代工設計生產的Nexus One，以及出自於 Samsung的Nexus S。無從得知Google開發販售自有品牌手機的目的與策略為何，但從銷售過程與結果觀察，不知是否是因為Google不善於銷售硬體，抑或是Google不欲影響其合作夥伴的關係，這兩支手機均叫好不叫座，銷售量都不敵由其合作廠商HTC及 Samsung發表的同款兄弟姊妹機，故雖有Google Logo的加持，卻只能淪為市場上 Android機海之一。

由於品牌手機廠商多採第二類授權，但因為Google的應用程式升級時是綑綁在 Android系統中，若品牌手機廠商未能即時提供已發表手機升級之新版本Android，該手機的消費者就無法升級Google的應用程式，因此Google已接獲不少客戶抱怨。目前已有傳言Google為避免硬體廠商在開發新版Android的速度過慢以致影響了使用者升級 Google應用程式的權益，從下一版本開始，許多目前內建於系統中的Google應用程式如瀏覽器、email App、通訊錄、輸入法等將與Android作業系統分離，當Google升級了這些應用程式後，將直接公布於 Android Market，消費者可自行由 Android market 下載升級，不再需要等待 HTC、Motorola、Samsung 等大廠緩慢的系統升級腳步。

1-5.Android Market

Apple iPhone/iPad的成功，有一部分的原因必須歸功於 App Store，因為消費者透過 App Store可以花費少許的代價購買並安裝許多酷炫軟體，而Google 也採用了相似的商業模式，世界各地的程式設計人員可以將他們的作品公開在Android Market販售，而如上一節所述，採用第二類及第三類授權方案的行動裝置可以預載 Android Market，使用者隨時可以連上 Android Market 搜尋所需要的軟體進而決定是否購買。

截至2010年年底的統計，Android Market 上已有二十萬支 Apps，並共計已被下載二十五億次！而至2011年4月，被下載的次數已上升至驚人的超過三十億次，這說明了 Android Market 上的軟體受歡迎的程度以及龐大商機。

而目前除了可以透過其 Android 裝置從 Android Market 下載 App 之外，也可以直接執行以下載或複製而來的 APK 檔，對於 Android Market 的經營，Google 並不將其設計成一獨佔事業，反而以開放的態度歡迎任何獨立的 Android Market 自行營運，相較於不被 Apple 認可的地下 App store，這是 Google 的 Android Market 與 Apple 的 App store 最大的不同點，Google 並不汲汲營營地爭取眼前的銷售利潤。

而由於行動裝置(尤其是手機)的螢幕較小，原本使用者只能透過其 Android 裝置在 Android Market 瀏覽軟體資訊，既傷眼效率又差，2011年1月 Google 終於推出了 Android Market 官方網站，除了軟體清單、軟體說明與使用者評價之外，與 Apple App Store 官網不同的是，Android Market 官方網站可以讓使用者直接從網頁上將所選擇的軟體或遊戲直接下載到行動裝置裡安裝，使用者只需要登入 Google 帳號、按下 Install 按鈕，所指定的軟體便會透過網路下載安裝，除此之外，Android Market 網頁還可以同步更新行動裝置中已安裝的軟體清單，直接在網頁上看到行動裝置上已安裝的軟體！

1-6. Android 與 NXT

進階的機器人課題主要是在於定位、導航與地圖繪製，換句話說就是讓機器人知道「我在那裡？」、「我的目標在那裡？」以及當下位置與目標的距離方位等等。這些課題需要方位感測器（orientation）、GPS 全球定位系統，甚至需要使用無線網路傳輸等等。很巧地，這些東西在智慧型手機上都有，甚至在動態控制上常用的加速規（acceleration）與陀螺儀（gyroscope）也都是 Android 手機上的標準配備，因此只要透過藍牙連線，機器人就可以取得 Android 手機上的各種資訊，大大地擴充了機器人的功能性，真的是太棒了！

Android 應用程式是使用 Java 進行開發，另一方面知名的教育性機器人樂高 NXT 也可執行 leJOS（專屬於樂高 NXT 的 JVM，請參考本書第4章），或者可直接讓手機發送 NXT 直接控制指令（NXT Direct Commands）在機器人端無對應程式的情形下，只要建立了藍牙連線即可控制 NXT 機器人。本書將在第 12 至 14 章討論如何使用不同的控制方法來直接控制 NXT 機器人。並於本書最後一章介紹如何結合 PC、Android 手機與樂高 NXT 機器人完成一台居家保全機器人，使用者可在電腦端遙控機器人動作，一旦偵測到可疑狀況時，會自動拍照以保留證據。

1-7. 總結

　　時至今日，雖然 Android 仍只是個三歲多的作業系統，但它已經成功大一統 Linux 原有的市場，任何行動裝置的硬體廠商已經沒有任何理由不採用 Android 而重新自行開發植基於 Linux 的作業系統，畢竟 Android 免費（無微軟權利金的剝削），有龐大的軟體開發商及程式設計師，而且最重要的是有 Google 這個巨人的背書，硬體廠商必然趨之若鶩。

　　有人說 Google 不是硬體商，也不是軟體商，而是廣告商！它自始至終根本沒打算進入手機市場，其開發 Android 的目的只有一個，就是極大化它的網路服務使用人數，基於這個邏輯，行動裝置廣告理所當然地成為 Google 的商業利益著眼點。當我們連上 Google 的任何一項服務，我們就是幫未來的 Google 獲利的一個人頭，也成為 Google 跟廣告客戶談判的籌碼，更不用談 Google 向來賣的商品幾乎都是服務，從未打算靠賣硬體來獲利，這與 Apple 採用封閉系統從上游到下游軟硬兼吃的商業模式完全不同。

　　從個人電腦發展的歷史觀察，開放式架構必然會引起市場競爭，進而導致價格下降，緊接著就是大量普及於一般消費者，Google 目前對於 Android 的市場操作應是預期歷史會重演於行動裝置的競爭上，有趣的是，二十年多前「封閉的 Apple II 對決開放式系統 IBM PC」的情景似乎已經重現於「封閉的 iPhone v.s. 開放的 Android」，但與當年 IBM 不同的是，既使 iPhone 的銷售量在短期內略佔上風，Google 仍可立於不敗之地，因為終端消費者既使買了 iPhone，他們用的還是 Google 提供的網路服務啊！

　　根據 2010 年底的資料，行動裝置作業系統呈現三分天下的態勢: Google Android、Apple iOS 以及 RIM BlackBarry。很遺憾地回顧歷史，微軟沒能掌握住潮流，雖然 Windows Mobile 也曾占有市場一席之地，卻只能坐視對手的逐漸壯大而無力反擊，弔詭的是 HTC 當年若非靠著 Windows Mobile 也不可能會有今天的局面，若有機會，Windows Mobile 以及 HTC 的故事可以另外發展成另一個篇章。什麼，Nokia Symbian? 那已是明日黃花，在市佔率逐年下滑的狀況下 Nokia 早已低頭與 Microsoft 結盟，除非有隱藏版秘密武器尚未公諸於世，短期內應很難在智慧型手機市場有一席之地；至於 Palm，它已被 HP 買下而更名成 HP WebOS，基於 HTML5 的 WebOS 在多工以及操作方式均令人期待，同時也可以感受到 HP 欲急起直追的努力，近期內準備讓 Palm 這個睽違市場多年的品牌起死回生，推出兩款 WebOS 新手機，但形勢比人強，沒有足夠的 App 吸引喜新厭舊的消費者，短期內應該沒有成功的機會。而在三強中以目前的競爭的態勢來看，Google Android 以及 Apple iOS 誰輸誰贏仍有待觀察，至於 RIM BlackBarry，只能說筆者目前並不看好，雖然這家公司的手機仍有一定之市占率，但其早期基於商務人士使用的利基 Push Mail 早已不再擁有任何市場優勢，更不用提其硬體鍵盤在亞洲地區更是無用武之地。

在本章截稿前 AC Nielsen 公布了在北美地區的最新民意調查，Android 手機已成為最多消費者想擁有的智慧型手機系統，取代了 iPhone、更將 Blackberry 等其他作業系統甩在後頭。數字顯示，31% 消費者計畫選擇 Android 為下一支手機之作業系統；Apple 的 iOS 則為 30%，而 RIM 的 Blackberry 更下跌至只有 11%！所以在此恭喜各位將本章看完的讀者們，你們選了正確的道路，已將時間投資在未來最具發展潛力的行動裝置作業系統：Android。

註一

筆者所定義的「PDA 手機」是主觀的定義，指的是僅將 PDA 與手機的功能整合在一起，但卻未能提供更多的加值功能與服務的行動裝置。

註二

市場上認為 Google 要做的是 Localization Service 的廣告，Android 平台推出後可以與電信系統商拆帳，廣告主付廣告費給 Operator 再跟 Google 拆帳，譬如消費者到了台北士林夜市附近就會自動收到「某大雞排」的簡訊，接著手機直接定位到「某大雞排」的位置同時告訴消費者現在只要憑這個簡訊「某大雞排」打八折。

CHAPTER
{ 02 }
樂高NXT機器人

02

樂高NXT機器人

樂高NXT機器人

　　本章將介紹樂高 **MindStorms NXT** 機器人套件中的重要元件，包括**NXT**主機、感應器與馬達等；後半段將介紹常用零件的組裝方法，各位讀者可時常回顧本章來複習。

2-1. NXT規格與元件

　　樂高 MindStorms NXT是樂高公司所推出之可程式機器人模組，是以NXT主機搭配各種感應器與馬達來組成不同功能的自動化機器人，並透過各種程式環境來控制機器人的動作。樂高 MindStorms NXT首次發表於2006年7月，之後的樂高 MindStorms NXT 2.0則是發表於2009年1月，搭配了最新的顏色感應器取代原本的光感應器。實際販售則分為教育版(9797)以及零售版(8547)兩種。接下來我們將依序介紹NXT主機、NXT伺服馬達、感應器以及其他零件等，您可從中得知NXT的技術規格以及零件的組裝方式。

2-1-1 NXT主機

　　相較於上一代的RCX可程式控制積木，NXT在硬體規格上有長足的進步，詳細比較請見表2-1。由於NXT上市時已承接了RCX所開拓的教育機器人市場，並有許多協力廠商如HiTechnic、MindSensors與Vernier等皆已生產相容於NXT的感應器或周邊設備等，大大增加了機器人的功能性。

表 2-1 NXT與RCX 規格比較		
	NXT	**RCX**
上市時間	2006	1999
	圖 2-1 NXT 主機	圖 2-2 RCX 主機

處理器	32 位元 ARM7 微處理器 8 位元輔助處理器	Hitachi H8/3292 微控制器
記憶體	256 K 快閃記憶體，64 K RAM，4 K 快閃記憶體，512 B RAM	8K ROM，32KRAM
傳輸方式	USB 2.0（PC – NXT），藍牙（PC/其他設備 – NXT, NXT-NXT）	紅外線傳輸
連接線	6芯傳輸，支援 I²C 傳輸協定，電線不可串接。	2芯傳輸，電線可串接
I/O 端子	4 個輸入端、3 個輸出端	3 個輸入端、3 個輸出端
LCD	64 x 100 像素的可程式化液晶顯示面板	43 個顯示單位
電力方式	六顆 3 號電池或充電鋰電池	六顆 3 號電池 RCX 2.0 可外接電源
致動器	NXT 伺服馬達，或可透過轉接線轉接其他樂高馬達。	9V 馬達或其他樂高馬達。
感應器	觸碰、聲音、光、超音波與顏色等感應器；並可使用其他廠商所生產的感應器或透過轉接線使用舊式RCX感應器。	觸碰、光、溫度與角度等感應器；或使用其他廠商所生產的感應器。

2-1-2 NXT 伺服馬達

　　樂高所生產的馬達種類約有十數種，都使用相同的9V輸入電壓。表 2-2 是依照 Philo Home 網站資料整理而得，讀者可從中了解各種馬達的詳細規格後依照自己的需求來使用。由於部分馬達已經停產或不易取得，因此我們只列出NXT馬達與現行TECHNIC系列的 Power Fuction 馬達。

　　從表 2-2 可發現，NXT 馬達是輸出扭矩最大也是最有份量的一款馬達，相對地耗電量也是相當驚人。另一方面，NXT馬達是所有樂高馬達中唯一內建角度感應器的馬達，透過角度感應器我們可以精確指定馬達轉軸之旋轉角度，甚至經過計算後可轉換為機器人行走的距離，非常方便。

圖 2-3 NXT 伺服馬達

表 2-2 樂高馬達規格（資料引用自 http://www.philohome.com）				
圖片與型號				
	43362	**NXT**	**PF Medium**	**PF XL**
重量	28g	80g	31g	69g
轉速	340 rpm	170 rpm	405 rpm	220 rpm
無負荷時電流	9 mA	60 mA	65 mA	80 mA
最大短路扭矩	5.5 N.cm	50 N.cm	11 N.cm	40 N.cm
最大短路電流	340 mA	2 A	850 mA	1.8 A

2-1-3 感應器

目前樂高官方一共生產6種感應器，但尚有其他廠商如HiTechnic、MindSensors、Catcan與Vernier為NXT生產了對應的感應器套件。本書將於第4章介紹基礎的leJOS指令，包括馬達與感應器的控制指令。樂高官方感應器請見以下介紹：

1. 觸碰感應器：觸碰感應器前端有一個橘色按鍵，可藉此偵測是否撞到物體或被壓下。由於內部構造是一個開關（switch），所以只能判斷前端是否被壓下而無程度上的區別。對應的資料型別是布林（boolean）。

圖 2-4 觸碰感應器

2. 聲音感應器：聲音感應器長得像一個麥克風，可以用來偵測環境中的音量。在使用時，您可以將聲音感應器朝上，收音效果會更好。由於馬達在運轉時會產生很大的噪音，所以聲音感應器需離馬達遠一點。聲音感應器測量的是聲音壓力（db、dBA）而非音頻（frequency）。所以如果機器人處於一個嘈雜的環境下，聲音感應器的效果就會打折扣了。聲音感應器可將環境的音量轉換為0（最安靜）到100（最嘈雜）的數值，對應的資料型別是整數（integer）。

圖 2-5 聲音感應器

3. **光感應器**：光感應器可説是用途最廣的感應器，它可以測量來自特定方向的光源強度。光感應器前方有兩個燈泡，一個會發光以增加反射光線的數目，並由另一個接收反射回來的光，這讓我們可以測量一個特定物體的光度（就是它本身的反射光強弱，在情況許可下，也可以用來測量距離）。

光感應器是偵測反射光的強度（intensity），而不是真正「看到」（判別）東西，所以它不能用來分辨粉紅、粉黃這兩種很接近的顏色，它們所呈現的光值有可能完全一樣。光感應器可將環境的光轉換為 0（最暗）到 100（最亮）的數值，對應的資料型別是整數（integer）。我們可以控制下方的燈泡是否發光，如果發光就是反射光（Reflected light）模式，不發光則是環境光（Ambient light）模式。

圖 2-6 光感應器

4. **顏色感應器**：NXT 2.0 版於 2009 年 8 月上市之後，其中最重要的改進就是改用新款的顏色感應器，它不但可以回傳 1 到 6 的整數代表由黑到白的色階變化，還能發出紅、綠、藍等三種顏色當作光感應器來使用（回傳 0~100 整數光值）。NXT 顏色感應器回傳值請見表 2-3。

圖 2-7 顏色感應器

顏色	黑	藍	綠	黃	紅	白
數值	1	2	3	4	5	6

表 2-3 NXT 顏色感應器回傳值

5. **超音波感應器**：NXT 超音波感應器是一種 I^2C 數位感應器，它有內建的晶片可以分析並送出資料。利用超音波感應器，我們可以讓機器人「看到」物體並在撞上去之前躲開，這是觸碰感應器所辦不到的。

超音波感應器可連續或單次發射超音波並記錄超音波被物體反射後所需的時間，再轉換成距離回傳給 NXT。請注意，超音波感應器的預設單位是公分。實際使用上，超音波感應器可測到最短的距離約為 5 公分，最遠距離約為 170 公分。

圖 2-8 超音波感應器

6.**溫度感應器**：樂高尚有生產溫度感應器，NXT用的數位溫度感應器（編號9749）可偵測溫度範圍為 -40 至 125℃。

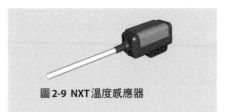

圖 2-9 NXT 溫度感應器

2-1-4 組裝用零件

　　您是否發現現在看到的樂高零件已經和我們小時候的印象有很大的差異了？以往的堆疊式組裝方式可以讓我們快速地在積木上搭建下一個零件，但到了 Technic 系列之後出現了許多不同功能的插銷與轉接器等等，讓我們可以設計出很複雜的結構。因此在組裝機器人之前，我們將向您介紹常用的各種零件。按照功能與外型，我們可以將零件分成4大類：

圖 2-10a 傳統堆疊式組裝法

圖 2-10b 使用插銷與連桿所組成之結構體

1.**結構零件**：結構零件可以組成各種支架、底座或是外殼，我們可以使用各種連接器來將結構零件接在一起，組成更大的組件或結構體。

2.**齒輪**：齒輪的功用是用來傳遞馬達所產生的力量，透過不同的齒輪互相搭配，我們可以延伸力的傳送距離、改變力的方向以及增加扭力與速度等等。

3.**連接器**：連接器的種類很多，它們可以用來連接各種零件，除了延伸長度之外，還可以做出垂直與各種角度的組件。

4.**其它零件**：其他零件包含了輪胎、小人偶或一些裝飾用的零件，它們可以讓機器人看起來更活潑可愛。

接下來就讓我們按照以上分類來介紹各種零件:

1.結構零件

⊙ 方塊(Brick)

方塊是最基本的結構零件,我們可用它們來搭建牆壁或是
地基等結構。我們根據凸點的數量與寬度來分類,例如
2x4的方塊。

圖2-11 2x4方塊

⊙ 平板(Plate)

平板和方塊一樣是基本的結構零件,可以用來搭建底盤或
連接其他零件。3個平板疊起來剛好和一個方塊一樣高。
我們根據凸點的數量來分類,例如2x4的平板。

圖2-12 2x4平板

⊙ 凸點橫桿(Beam)

傳統的樂高結構零件,除了可以插上插銷之外,也可以用
堆疊的方式來將多個凸點橫桿組裝在一起。我們根據凸點
的數量來分類,例如長度8的凸點橫桿,簡稱8M凸點橫
桿。

圖2-13 6M凸點橫桿

⊙ 平滑橫桿(Technic Beam)

最主要的樂高結構零件,可以利用插銷與連接器來連接多
個平滑橫桿。我們根據洞的數量來分類,例如長度7的平
滑橫桿,簡稱7M平滑橫桿。

圖2-14 5M平滑橫桿

⊙ 軸(Axle)

十字軸可以用來連接各種齒輪或滑輪,將它插在橫桿的洞
中就可以旋轉。軸是沒有刻度的,但我們可以和橫桿相比
來得知軸的長度,例如長度4的軸,簡稱4M軸。

圖2-15 7M軸

02

樂高 NXT 機器人

⊙ 彎曲橫桿（Liftarm）

共有小 L 型、大 L 型、〈 型與 J 型彎曲橫桿 4
種，可以利用它們來搭建多邊形或具有彎角
的立體結構。

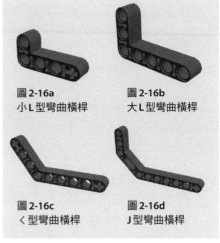

圖 2-16a
小 L 型彎曲橫桿

圖 2-16b
大 L 型彎曲橫桿

圖 2-16c
〈 型彎曲橫桿

圖 2-16d
J 型彎曲橫桿

2. 齒輪

齒輪是一種傳遞力量的裝置，透過馬達帶動
不同形式的齒輪組，我們可以設計出夾子、
投球手臂甚至更複雜的機構。樂高的齒輪多
達數十種，熟悉齒輪的配置方式可以讓您的
機器人執行更精巧的功能。接下來請讓我們
來看齒輪的分類：

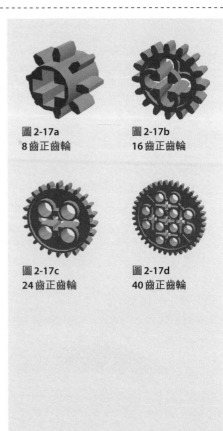

圖 2-17a
8 齒正齒輪

圖 2-17b
16 齒正齒輪

⊙ 正齒輪（Spur Gear）

正齒輪是齒輪最基本的形態，兩個以上的正
齒輪可以水平連接。我們以齒數來分類，共
有 8、16、24、40 四種大小的正齒輪。齒輪
中心的十字洞可以插入十字軸，再放入橫桿
中的洞，如下圖所示。

圖 2-17c
24 齒正齒輪

圖 2-17d
40 齒正齒輪

圖 2-18 正齒輪咬合示意圖

⊙ 冠狀齒輪（**Crown Gear**）

當需要改變力的傳輸方向時就可以用到冠狀齒輪，它因為長得像皇冠而得名，齒數也是 24 齒，因此冠狀齒輪可以當作 24 齒正齒輪來使用。我們透過冠狀齒輪或是雙面斜齒輪來將兩根軸垂直連接。

圖 2-19a 冠狀齒輪

圖 2-19b 冠狀齒輪咬合示意圖

⊙ 雙面斜齒輪（**Double Bevel Gear**）

雙面斜齒輪看起來比較胖，但其實它的厚度和正齒輪是相同的。共有 12、20、36 三種齒數的雙面斜齒輪。雙面斜齒輪相接時，彼此的咬合面積比較大，因此和正齒輪相比比較不會發生跳齒或是滑脫的狀況。兩個雙面斜齒輪除了平行相接以外還可以直接垂直連接，不需要使用冠狀齒輪，如下圖：

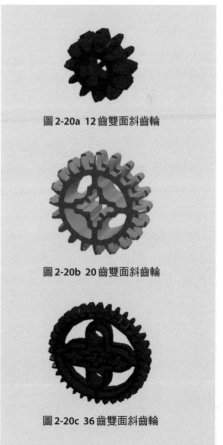

圖 2-20a 12 齒雙面斜齒輪

圖 2-20b 20 齒雙面斜齒輪

圖 2-20c 36 齒雙面斜齒輪

圖 2-21a 雙面斜齒輪水平咬合示意圖

圖 2-21b 雙面斜齒輪垂直咬合示意圖

⊙ 甜甜圈（**Knob Wheel**）

這個零件長的很像甜甜圈吧，它可以平接也可以垂直連接。甜甜圈適用於大扭矩傳輸，不會因為扭矩過大發生跳齒或是滑脫的狀況。請注意甜甜圈無法和其他齒輪搭配使用。

圖 2-22 甜甜圈

⊙ 蝸桿（**Worm Screw**）

蝸桿可以和各種大小的齒輪連接，而蝸桿與蝸輪的關係是蝸桿轉一圈，蝸輪轉一個牙齒。蝸桿與各種尺寸的蝸輪搭配之後可以達到相當驚人的力量放大效果。我們可根據實際需要來將多個蝸桿裝在同一根軸上，請注意蝸桿的相對位置否則有可能無法轉動。

請看右圖，我們將8齒正齒輪（蝸輪）與蝸桿相接，蝸桿要轉8圈，蝸輪才會轉1圈。因此蝸輪的轉動速度會變得非常慢（1/8），但相對的8齒正齒輪所在的那根軸的力量也會變得很大，理論值為原本的8倍。

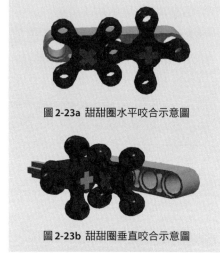

圖 2-23a 甜甜圈水平咬合示意圖

圖 2-23b 甜甜圈垂直咬合示意圖

圖 2-24a 蝸輪

圖 2-24b 蝸桿

蝸輪

蝸桿

圖 2-25 減速機構示意圖

樂高 NXT 機器人

02

注意到了嗎？當蝸桿與齒輪連接後，旋轉蝸桿可以帶動齒輪，但旋轉齒輪卻沒辦法帶動蝸桿。各位可以實際轉動8齒正齒輪所在的那一軸來驗證。

圖2-26a 旋轉底座上視圖

圖2-26b 旋轉底座使用時須將黑色面朝上

⊙ 旋轉底座（Turntable）

旋轉底座可以當作機器人的底板或是支撐座，我們可以利用齒輪或是蝸桿來帶動它，使用時請將黑色面朝上，否則會無法轉動它。旋轉底座的齒數為56齒，所以我們可以將它當作大型的正齒輪來使用，或可利用中間的內齒輪來製作行星齒輪組。

圖2-27 行星齒輪組

3.連接器（Connector）

連接器的種類非常豐富，可以用來連接各種零件，例如軸、橫桿與齒輪等等，讓我們可以組裝更大型的結構。

⊙ 黑色長短插銷

（Friction Pin / Long Friction Pin）

黑色插銷是最常用到的零件之一，只要是樂高零件上的圓洞，都可以插入它們。

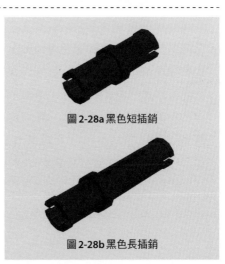

圖2-28a 黑色短插銷

圖2-28b 黑色長插銷

樂高 NXT 機器人

⊙ 十字插銷（Axle Pin / Friction Axle Pin）

十字插銷一端可以用來連接齒輪或任何有十字形孔洞的零件，另一端再插入橫桿的圓洞裡。十字插銷分為黃色與藍色兩種，藍色的十字插銷表面有凸起，較不易轉動。黃色的十字插銷可以順暢轉動。

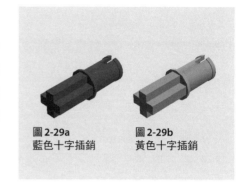

圖 2-29a
藍色十字插銷

圖 2-29b
黃色十字插銷

⊙ 十字軸插銷
（Long Friction Pin with Stop Bush）

十字軸插銷的一端能連接十字軸，可讓我們作更彈性的運用。

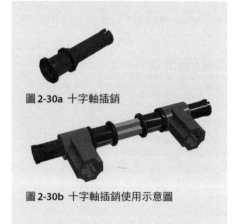

圖 2-30a 十字軸插銷

圖 2-30b 十字軸插銷使用示意圖

⊙ 固定栓
（Cross Axle with Knob）

當需要固定一根軸時需要用到軸承來避免這根軸在運轉時發生不必要之軸向移動。或者我們可以使用固定栓來達到這個效果，固定栓的一端長得比較不一樣，軸或是軸上的物體會因此被固定住。固定栓共有 3M、5.5M 和 8M 三種長度，您可根據需求來選擇不同長度的固定栓。

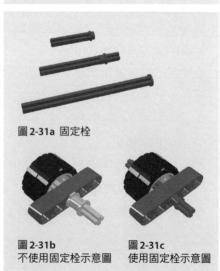

圖 2-31a 固定栓

圖 2-31b
不使用固定栓示意圖

圖 2-31c
使用固定栓示意圖

⊙ 軸連接器 （Axle Joiner）

有時候會碰到軸不夠長的情形，可以使用軸
連接器將多根軸連接在一起。右圖是使用軸
連接器連接兩隻4M軸。

圖 2-32 軸連接器使用示意圖

⊙ 大 / 小 H 型連接器

　（Axle Joiner Perpendicular 3L with

　4 Pins / Pin 3L Double）

H型連接器可以將零件垂直相接。

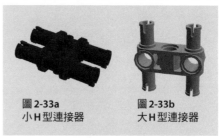

圖 2-33a
小H型連接器

圖 2-33b
大H型連接器

⊙ L 型連接器

　（Axle Joiner Perpendicular 3L with

　4 Pins / Pin 3L Double）

L型連接器可搭建互呈90度之結構。

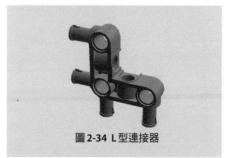

圖 2-34 L型連接器

⊙ 曲柄

　（Liftarm with Boss and Pin）

曲柄可以當做把手來使用。

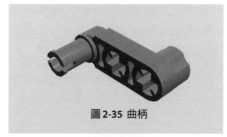

圖 2-35 曲柄

⊙ 直立雙插銷連接器

　（Axle Joiner Perpendicular Double）

可將兩平行插銷固定於一垂直軸。

圖 2-36直立雙插銷連接器

⊙ 雙插銷連接器

（Axle Joiner Perpendicular with 2 Holes）

可將兩平行插銷與軸垂直相接。

圖 2-37 雙插銷連接器

⊙ 垂直連接器

（Axle Joiner Perpendicular）

一端是十字孔，一端是圓洞，可將零件垂直
連接。

圖 2-38 垂直連接器

⊙ 3L 垂直連接器

（Axle Joiner Perpendicular 3L）

功能與垂直連接器相同，但長度多一格，也
多一個十字孔可使用。

圖 2-39 3L 垂直連接器

⊙ 角度連接器（Angle Connector #2）

共有#1 至 #6 六種角度連接器，每一種可呈
現不同的連接角度，角度連接器除了可當做
連接器，中間的孔洞也可讓兩個零件垂直相
接。分別為：

#1：0度　　#2：180度　#3：157.5度
#4：135度 #5：112.5度 #6：90度

圖 2-40a #1、#2、　圖 2-40b#4、#5、
#3 角度連接器　　 #6 角度連接器

⊙ 萬向接頭（Universal Joint）

當需要將兩根軸以非特定的角度接合時，就
可以使用萬向接頭。萬向接頭通常使用在軸
傳動系統中，例如機器手臂會折合成各種不
同的角度，使用萬向接頭可以有效地將動力
傳遞到手臂末端。

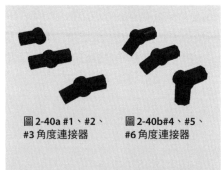

圖 2-41 萬向接頭使用示意圖

⊙ 連桿（Linkage）

連桿可用來將馬達的旋轉式運動轉換為往復式運動，當我們在製作足式機器人時可運用連桿來將馬達的動力傳遞到機器人的腳上。另一方面，透過調整連桿的角度可以決定往復式運動的軌跡。

圖 2-42 連桿使用示意圖

4. 其他零件

⊙ 軸承（Bush / 1/2 Bush）

軸承可以固定零件在軸上的位置，例如齒輪或滑輪等等。軸承有灰色軸承與1/2黃色軸承兩種，1/2黃色軸承的厚度是灰色軸承的一半。

圖 2-43a 軸承　　　　圖 2-43b　1/2 黃色軸承

⊙ 輪子（Wheel）

輪子共有數種選擇，輪子的大小和輪胎與地板的接觸面積會影響機器人運動的效果，大家可以試試看不同種類的輪子。別忘了，齒輪也可以當成輪子來使用呢。

圖 2-45 樂高的各種輪子

⊙ 滑輪 / 橡皮筋（Belt Wheel / Rubber）

滑輪與橡皮筋搭配可以組裝滑輪組。滑輪組效果和齒輪類似，可以增加速度或扭力，位置分配上也比齒輪有彈性多了，但是容易發生打滑或動力不足的情況。

圖 2-46 滑輪

⊙ 三角板

（**Liftarm Bent 90 Quarter Ellipse**）

三角板上有多個圓洞與十字孔洞，使平
板能成為固定的工具或者機器人對外接
觸的表面。兩片三角板疊起來正好與一
個橫桿的高度相同。

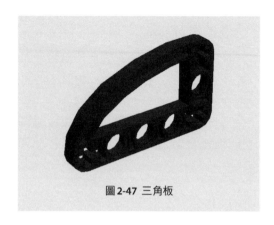

圖 2-47 三角板

　熟悉各種零件的正確使用方法可以讓您的機器人更加穩固，在之後的章節中請隨時翻
回本章來複習。

2-2. 可控制 NXT 的軟體

　截至目前為止，可用來控制 NXT 的軟體已有二十餘種，可簡單分為圖形化與文字式兩
大類。圖形化軟體除了樂高官方的 NXT-G 與 Robolab 之外，最主要的控制軟體就是美商
國家儀器公司的 LabVIEW，另外還有微軟推出的 Microsoft Robotic Developer Studio。文
字式程式環境較著名的有 NXC、RobotC 等類 C 語言以及 IeJOS（Java），其餘尚有 pbLua、
Python、Ruby 與 NBC 等，但這幾種語言較少人使用。建議各位讀者在選擇程式語言時，
可根據使用者族群之多寡來選擇，如此一來當遇到問題時比較容易找到除錯的辦法，相
關的資源也會比較豐富，接下來我們將介紹可控制樂高 NXT 主機的程式語言。

2-2-1 Robolab 與 NXT-G

　樂高公司於 1999 年底與麻省理工學院媒體實驗室、Tufts 大學以及美商國家儀器公司
等知名學術/產業單位合作推出了 MindStorms 系列，以 RCX 可程控積木搭配各種感應器
與馬達，可組合出各式各樣的機器人，成功進軍教育性機器人市場，目標是使小朋友藉
由機器人動手做課程與程式設計，培養邏輯思考以及解決問題的能力。當時的控制軟體
名為 Robolab，是由樂高公司與美國 Tufts 大學 Chris Roger 教授合作，使用美商國家儀器

公司之LabVIEW軟體開發出Robolab
圖形化軟體，使用族群包含小學生至
大專院校，功能豐富且易於上手，在
當時是相當轟動的產品。

數年之後也就是2006年，
NXT機器人以更強悍的硬體規格以及
更完整的軟體開發環境，將教育性機
器人帶到了另一個等級。新一代的程
式軟體NXT-G則大幅降低了指令的總
數量，以避免初學者發生混淆。使用
者只要先決定好程式大略的執行順序
再進一步設定各指令細節即可。

不僅如此，樂高更開放其軟硬體
的開發套件，讓專業玩家可以自行安
裝NXT的韌體（firmware）來執行許
多不同的程式環境，例如C、C++與
Java等，或透過PC或手持式裝置來
整合機器人應用。本段所提及的程式
開發環境本團隊皆有專書討論，歡迎
各位讀者延伸學習。

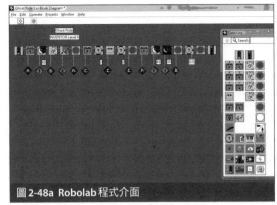
圖 2-48a Robolab 程式介面

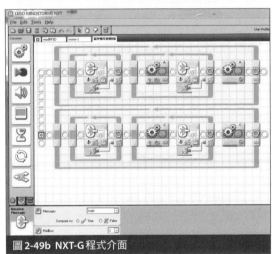
圖 2-49b NXT-G 程式介面

2-2-2 Android / leJOS NXJ

leJOS是針對樂高 NXT 機器人開發之Java 程式環境，NXJ則是處理 Java 原始檔的虛擬機
器。leJOS使用了標準 Java 語法，除了基本的感應器、馬達控制與藍牙通訊之外，還支援
網際網路、事件導向、多執行緒、機器人定位與導航等，適合進階機器人程式開發者使
用，目前中文書籍有本團隊所出版<機器人程式設計與實作 使用Java>。更多資訊請參
閱 leJOS 官方網站 http://lejos.sourceforge.net/。

另一方面智慧型手機與平板電腦在這兩年在3C產品中獨領風騷，Android更趁勢而
起，與蘋果公司的iOS在智慧型行動裝置領域中各擁一片山頭。Android挾其開放原始

02 樂高 NXT 機器人

碼的特性加上完整的函式庫，使得應用程式開發者得以輕鬆投入Android開發領域。透過藍牙連線，樂高NXT機器人便可與Android裝置連線，取得各種重要的資源例如水平儀、全球定位系統以及網路連線功能等等，更可將手機或平板電腦的大型觸碰板以單點擊或是拖拉的方式來控制機器人的動作。上述功能都會在本書中一一詳述，非常精彩。

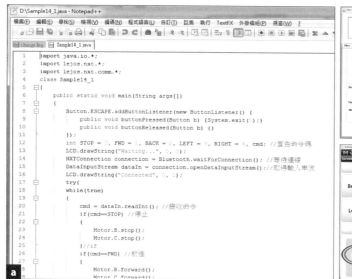
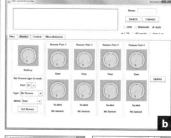

圖2-49a 使用**Notepad++**來編輯**leJOS**程式。**圖2-49b** **leJOS**之圖形化介面
圖2-49c 使用**Android**手機實做之機器人資訊面板。**圖2-49d** 單點觸控面板

2-2-3 NXC/RobotC

NXC為John C. Hansen所開發之類C語言，NXC是取Not eXactly C之意。因為NXC依照NXT規格對應了C語言的語法並完整支援了NXT的硬體功能與多種其他廠牌的感應器。另一方面使用者可在開發環境Bricx Command Center中進行編輯，並提供了許多方便的直接控制介面，目前中文書籍有本團隊所出版<機器人新視界 NXC與NXT>第二版。更多資訊請參考NXC/

```
int move_time, turn_time, total_time;
task main()
{
total_time = 0;
do
{
move_time = Random(1000);
turn_time = Random(1000);
OnFwd(OUT_AC, 75); Wait(move_time);
OnRev(OUT_C, 75); Wait(turn_time);
total_time += move_time;
total_time += turn_time;
}
while (total_time < 20000);
Off(OUT_AC);
}
```

圖2-50a 使用**BricxCC**來編輯**NXC**程式

BricxCC官方網站 http://bricxcc.sourceforge.
net/。

圖 2-50b BricxCC 之直接控制介面

　　RobotC 是 由 美 國 卡 耐 基 美 隆 大 學
（Carnegie Mellon University）所研發之機器
人 C 語言，可控制數種機器人平台包括樂
高 NXT 以及 VEX 機器人。RobotC 環境需要
付費，但您可以先下載 30 天的試用版本。
更多資訊請參閱 RobotC 官方網站 http://
www.robotc.net/。

圖 2-51 RobotC 程式環境

2-2-4 National Instruments LabVIEW

　　LabVIEW（Laboratory Virtual Instrumentat
ion Engineering Workbench）是由美商國家
儀器股份有限公司（National Instruments）
所開發的高階圖形化程式平台，發明者為
Jeff Kodosky。LabVIEW 1.0 版是於 1986 年發
布，早期的目標是為了實現各種儀器的自
動控制，至今已成為一成熟且完善的高階
程式語言。

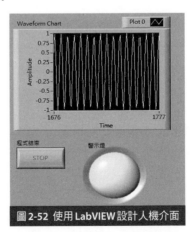

圖 2-52 使用 LabVIEW 設計人機介面

　　NI 與樂高公司有正式的合作關係，事實
上樂高智慧型主機（RCX 與 NXT）的程式
控制環境 ROBOLAB 與 NXT-G 皆使用了 LabVIEW 做為核心運算引擎。因此熟悉以上兩套程式
的玩家們應可很快上手，體會 LabVIEW 強大的數值運算以及資料擷取能力。有興趣使用
LabVIEW 控制樂高機器人的讀者可延伸閱讀本團隊著作 <LabVIEW 高階機器人教戰手冊>。

2-2-5 Microsoft Robotics Developer Studio

Microsoft Robotics Developer Studio（MSRDS）是一套建構在 MS-Windows 作業系統上的機器人開發平台，提供了企業以及學術單位一個整合性的機器人開發環境，也提供了適用於初學者的視覺性程式語言。自從 2006 年推出第一版的 Microsoft Robotics Studio（MSRS）之後，現在最新的版本是 Microsoft Robotics Developer Studio 2008 R3。

目前 MSRDS 之中文專業書籍以台灣大學土木工程學系康仕仲教授與其團隊為此領域的主要推動者，共有針對大專學生以及成人使用者之《智慧型機器人程式設計與開發》以及為國中小學童以及機器人初學者所設計的《動起來！百變樂高機器人》。

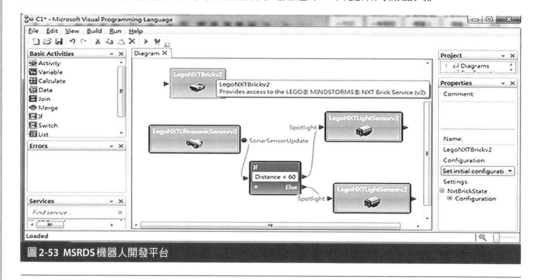

圖 2-53 MSRDS 機器人開發平台

2-2-6 Google App Inventor

Google App Inventor 是 Google 實驗室（Google Lab）的一個子計畫，由一群 Google 工程師與勇於挑戰的 Google 使用者共同參與。Google App Inventor 將複雜的 Java 程式碼包成了可愛的程

圖 2-54a Designer 頁面

式積木，「拖拖拉拉」 就可以完成您的
Android程式了。 除此之外它也正式支援
樂高NXT機器人， 對於Android初學者或
是機器人開發者來說是一大福音。

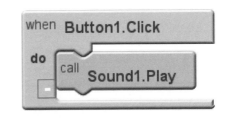

圖 2-54b Block Editor 頁面中的積木式指令

App Inventor 讓您可在網路瀏覽器上來
開發Android手機應用程式， 徹底實行
了全雲端的概念， 所以不需要再檢查更
新套件了。 本書將在第8章介紹如何編
寫App Inventor程式並將其與樂高NXT機器人結合， 本團隊針對 App Inventor 已出版了
《Android 手機程式超簡單 App Inventor 入門卷》 與 《Android 手機程式超簡單 App
Inventor 機器人卷》 兩本書籍， 歡迎各位讀者延伸閱讀。

2-2-6 其他

除了上述程式環境之外， 還有nxtOSEK、 MATLAB/Simulink、 pbLua以及Python等可用
於開發NXT應用程式的程式環境， 各位讀者可以自行上網搜尋它們的相關連結。

2-3. 總結

樂高NXT機器人搭配著豐富的零件以及強悍的規格， 在台灣可説是相當普遍的機器人
教學套件。 樂高公司從1999年的RCX開始從傳統的玩具公司跨足進入了教育性機器人的
領域。 到了NXT， 其豐富的週邊設備與程式環境已使它成為一個完整的機器人系統。

本章依序説明了樂高NXT的電子零件以及各種常用的零組件， 熟悉零件的各種使用方
式將有助於您組裝出更複雜的大型機器人系統；接著説明了各種不同的程式環境， 程式
環境無分好壞只有適合與否， 審慎挑最適合您的程式開發環境才能事半功倍。 下一章我
們將介紹如何建置Android開發環境， 以及用於樂高NXT機器人上的leJOS NXJ程式環境。

CHAPTER
{ 03 }
開發環境設定

開發環境設定

　　本章將依序帶領您完成本書所需用之開發環境，需依序安裝 **JDK**、**Eclipse** 開發環境、**Android SDK** 以及重要的環境設定。另一方面我們將於第 **8** 章介紹 **Google App Inventor** 開發環境的安裝方法，您可以將第 **8** 章視為另一個獨立的 **Android** 程式的教學章節，可單獨閱讀。本書所有程式碼與相關檔案可至本書官方網站下載 **http://www.cavedu.com/androidfile**。

3-1. 安裝 Java Development Kit (JDK)

　　本書使用 JDK6(1.6.0) 以上的版本，建議您使用相同的版本來達到最佳學習的效果。請依序完成下列步驟：

STEP1

請進入 Java 的官方下載頁面（http://java.sun.com/javase/downloads），點選最左側圖示下方的 JDK 字樣（圖 3-1）。

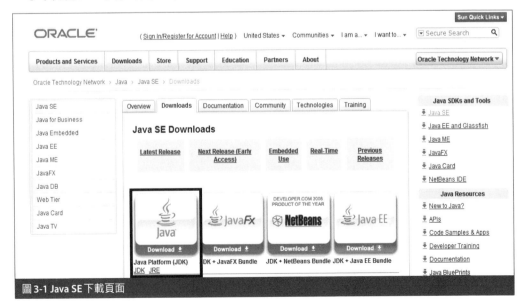

圖 3-1 Java SE 下載頁面

STEP2

在此選擇您所使用的作業系統，請注意本書為配合 IeJOS NXJ 這個用於樂高機器人上的
Java 系統，因此請選擇 Windows（32 位元）而非 Windows x64（64 位元），否則可能無
法順利驅動 NXT 機器人。接著請點選同意相關版權協定即可下載，目前最新的版本為
Java SE Runtime Environment (JRE) 6 Update 24（圖 3-2a）。
點選後就會自動下載，檔案還不小，請耐心等候（圖 3-2b）。

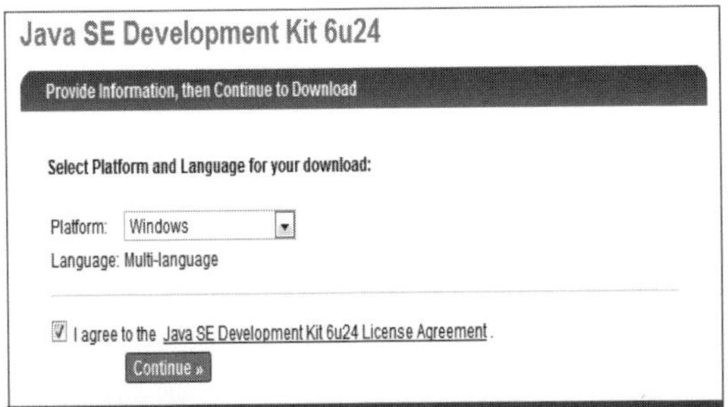

圖 3-2a 選擇作業系統

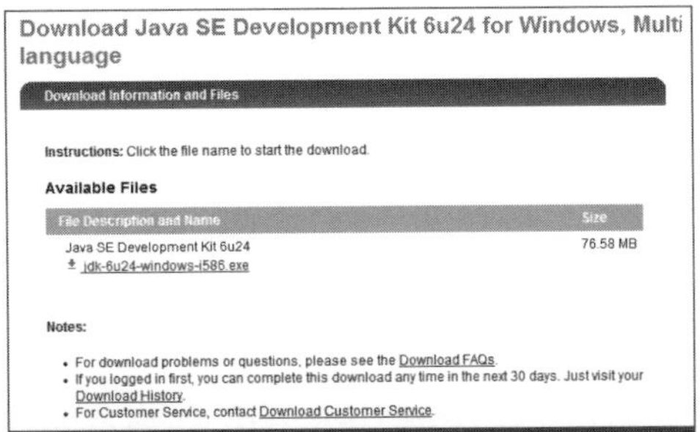

圖 3-2b 點選後下載

STEP3

下載完成後請點選安裝檔開始安裝，使用預設設定完成安裝步驟即可。

3-2. 安裝 Eclipse 開發環境

Eclipse 是一個強大的跨平台整合式開發環境，主要用來開發 Java。本書使用的版本為
3.6.1 Helios，是以希臘羅馬神話中的太陽神來命名。事實上 Eclipse 的較早版本例如 3.5 的
Galileo 與 3.4 的 Ganymede 也是以神祇名稱來命名，相當有趣。請依序完成下列步驟：

STEP4

請到 Eclipse 官方網站下載頁面 http://www.
eclipse.org/downloads/，找到 Eclipse IDE
for Java Developers 選項後，點選右側的
Windows 32bits 進入下一個畫面（圖 3-3）。
頁面跳轉後請往下拉，點選任一下載點
後即可下載，請耐心等候。Eclipse 只需

圖 3-3 Eclipse 下載頁面

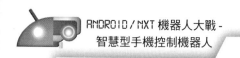
03

開發環境設定

解壓縮後即可執行，不需要進行安裝。請將下載後的壓縮檔解至 C:\Android 這個資料夾下。首次啟動 Eclipse 時，系統會詢問工作空間（work space）所在位置，請將其設定為 C:\Android\Apps，如此一來方便我們打包整個 Android 環境到別台電腦上。

3-3. 安裝 Android 開發環境

完成諸多前置作業之後，我們要接續設置 Android 開發環境，包括下載 Android SDK 以及在 Eclipse 中設定 Android 開發工具 ADT。請注意由於 Java、leJOS 與 Android 都需要設定各自的環境變數，因此我們將所有的設定整理於本章後段的表 3-1（P49）。請依下列步驟完成所有安裝程序：

3-3-1 安裝 Android SDK 軟體套件

STEP5

安裝 JDK 與 Eclipse 開發環境之後，接著要安裝 Android SDK 軟體套件。請從 Google Android 開發網站（圖 3-4）的 SDK 下載頁面（圖 3-5）找到，目前 Android 平台最新的版本為 2.3.3 Gingerbread（Android 3.0 是用於平板裝置上）。本書安裝環境為 Windows 7，請選擇對應的安裝包為 installer_r12-windows.exe，點選後即可下載。下載完畢之後不需要安裝，直接解壓縮就可以使用了。

CAVE 說：打包帶走

請將 Android SDK 與 Eclipse 都解壓縮到 C:\Android 資料夾下，這樣一來我們可以很快地將 Android 開發環境複製到其他電腦上。當然安裝 JDK 與設定環境變數等步驟還是得再來一次。

圖 3-4 Google Android 開發網站首頁

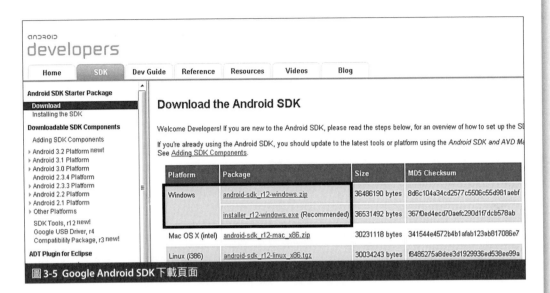

圖 3-5 Google Android SDK 下載頁面

3-3-2 安裝 Android ADT 開發工具

接著要在 Eclipse 中安裝 Android 開發工具 (Android Development Tools)。藉由 ADT，我們就可以在 Eclipse 中使用 Android SDK 來編寫、編譯並下載程式。

STEP6

請選擇 Help → Install New Software (圖 3-6)。

Help
Welcome
Help Contents
Search
Dynamic Help
Key Assist...　　　　　　　Ctrl+Shift+L
圖 3-6 Help → Install New Software
Report Bug or Enhancement...
Cheat Sheets...
Check for Updates
Install New Software...
Eclipse Marketplace...
About Eclipse

圖 3-6 Help → Install New Software

03

開發環境設定

STEP7

請在 Install 視窗中點選 Add…，在此要新增軟體位置，（圖 3-7）。

在跳出的小視窗中的 Name 欄位輸入任何名稱，作者在此輸入 Android；在 Location 欄位則輸入 http://dl-ssl.google.com/android/eclipse/site.xml，最後按下 OK。

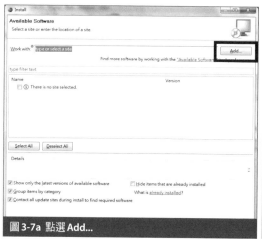

圖 3-7a 點選 Add...

圖 3-7b 新增軟體位置

STEP8

進到 Available Software 視窗中，會顯示可安裝的開發工具（圖 3-8a），點選 Next。

接著跳轉到 Install Details 視窗，列出要安裝開發工具之相關細節說明，（圖 3-8b）。

最後進到 Review License 視窗，請勾選「I accept terms of the license agreement」後點選 Finish 即可開始安裝 ADT，（圖 3-8c）。安裝完畢後請重新啟動 Eclipse。

圖 3-8a Available Software 視窗

圖 3-8b Install Details 視窗

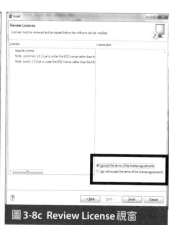

圖 3-8c Review License 視窗

3-3-3 設定 ADT

STEP9

完成 ADT 安裝之後，我們要在 Eclipse 的偏好設定（Preferences）中指定 Android SDK 主目錄。請選擇 Windows → Preferences 進入偏好設定視窗（圖 3-9a）。

圖 3-9a Windows → Preference

進入 Preferences 視窗後，請點選左側的 Android，右側視窗會出現對應的內容。請在 SDK Location 欄位輸入 Android SDK 目錄，本書位置為 C:\Android\android-sdk-windows。設定完成後請點選 OK（圖 3-9b）。

圖 3-9b 輸入 Android SDK 目錄

3-3-4 建立虛擬設備 AVD

由於本書範例大部分都使用到了藍牙通訊與感應器，因此必須使用實體手機（單點觸控仍可使用滑鼠游標模擬，但多點觸控就沒辦法了）。Android SDK 環境讓我們可以建立一個虛擬的設備 AVD（Android Virtual Device），藉此您可建立不同版本的 AVD 來測試您的應用程式在其上運作的狀況。請參照以下步驟來建立一個 AVD：

STEP10

請選擇 Window → Android SDK and AVD Manager（圖 3-10a），您可以看到已創建立的 AVD（圖 3-10b），請按 New 來建立一個新的 AVD。

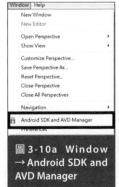

圖 3-10a Window → Android SDK and AVD Manager

圖 3-10b 已建立的 AVD 清單

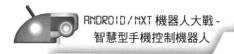
STEP11

接著會跳出一個視窗來新增 AVD，Name 欄位請填入 AVD 的名稱，您可以自由命名，但建議可以從 AVD 名稱中看出 Android 版本是比較好的命名方法；Target 欄位要選擇 Android 的版本，此處請選擇最新的 2.3.3（圖 3-11a），選擇之後您會發現在底下的 Skin（螢幕尺寸）與 Hardware（硬體）欄位出現了對應的規格（圖 3-11b）；SD Card 欄位則是指定 AVD 中的虛擬記憶卡大小，此處我們不使用 SD Card，當然日後您可以隨時修改 SD Card 的大小，設定完成之後請按 OK，即可看到方才建立的 AVD 已列於 AVD 清單中（圖 3-11c）。請注意本書作者使用的手機 Android 版本為 2.2，故此本書的範例都以 Android 2.2 來編寫。

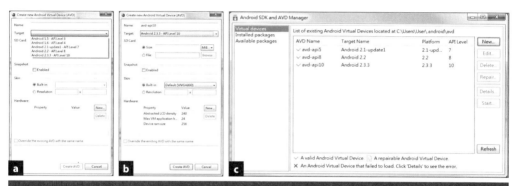

圖 3-11a 選擇 Android 版本 / Target。圖 3-11b 自動出現對應規格。圖 3-11c 新建 AVD 完成。

3-3-5 驗證 Android SDK 環境

到此您已完成 Android SDK 環境的安裝程序了，接著我們要新增一個 Android 專案並執行來驗證是否所有步驟都正確無誤。

STEP12

請在 Eclipse 環境中選擇 File → New → Project...（圖 3-12a），接著會跳出 NewProject 視窗（圖 3-12b），請選擇 Android 下的 Android Project 後點選 OK。

圖 3-12a File → New → Project…

圖 3-12b New Project 視窗

STEP13

接著進到New Android Project視窗中，
請在Project name（專案名稱）欄位輸
入HelloAndroid；Build Target欄位請勾選
Android 2.2；Application name與Create
Activity這兩個欄位請與Project name填
入同樣內容。Package name欄位在本書
範例中皆為com.cavedu.android，如圖
3-13。以上欄位內容會在第5章首次編
寫Android程式時詳細介紹，完成之後
請按Finish。

圖 3-13 New Android Project視窗

STEP14

我們可以在Eclipse環境中看到剛剛
建立的Android專案了，在左側的
Project Explorer中找到src資料夾下的
HelloAndroid.java，點選後可以看到其內
容。請點選工作列上的Run綠色按鈕。

圖 3-14 Eclipse主畫面

STEP15

請進入Run→Run Configurations…中進
行進階的執行設定，請點選畫面右側的
Target標籤，再點選Manual代表每次按
下Run按鈕時都手動選擇要下載到實體
手機或是模擬器。

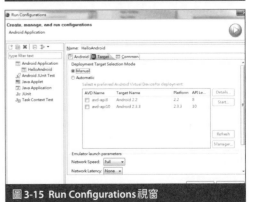

圖 3-15 Run Configurations視窗

STEP16

按下 Run 按鈕之後，系統將詢問您要將程式下載到實體手機或是啟動模擬器，以這個
程式來說兩者的執行結果是完全相同的。如順利完成，那麼恭喜您，您已經正確建置
起 Android 開發環境了，這可真是個大工程呢。

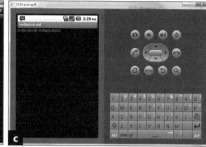

圖 3-16a 手動選擇執行平台。**圖 3-16b** 實體手機程式截圖。**圖 3-16c** AVD 模擬器畫面。

3-3-6 安裝 Windows USB 驅動程式

　　原則上所有的 Android 手機都可讓我們在其上開發程式，本書作者編寫本書所使用之
Android 手機為 HTC Desire，須另外在電腦安裝 HTC Sync 程式（http://www.htc.com/tw/
SupportViewNews.aspx?dl_id=1058&news_id=802）。根據 Android 官方網站資訊，目前最
新的驅動程式套件版本為 R4，所支援的 Android 手機包括了 Nexus One、Verizon Droid、
T-Mobile G1 與 my Touch 3G 以及新款的 Nexus S 手機。如果您的 Android 手機未在上述清
單中，請至 Android 官方網站或手機廠商網站尋找更多資訊。請根據以下步驟來下載 USB
驅動程式：

STEP17

請 選 擇 Window→Android SDK and AVD
Manager， 選 擇 Available packages 中 勾
選 Third party Add-ons，在 選 單 中 找 到
Google USB Driver package, revision 4，
或是您想要一次全部下載也是可以的。

圖 3-17 下載 Windows USB 驅動程式

3-3-7 更新ADT或其他軟體

按照目前Android的更新速度來看，大約是半年會有一次大更新，期間也不定期會有小幅更動，因此建議您偶爾可以更新一下軟體以保持在最新的版本。

STEP18

請選擇Help→Check for Updates…，系統會自動搜尋是否有可更新的軟體套件，請視個人需要安裝即可。

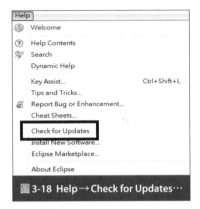

圖3-18 Help→Check for Updates…

3-4. leJOS NXJ──樂高機器人的Java環境

leJOS NXJ是可用在樂高 Mindstorms 智慧型主機上的虛擬機器（virtual machine），可使用標準的 Java 語法來發展機器人應用程式，目前最新的 leJOS 版本為 0.9。本段將依序介紹如何安裝 NXT 驅動程式、leJOS NXJ 環境以及更新 leJOS 韌體。

3-4-1 安裝NXT驅動程式

STEP19

您需要先安裝NXT驅動程式，才能讓電腦認得NXT主機。如果您的電腦已安裝了NXT-G軟體，則驅動程式已經包含在這些軟體之中，本段即可跳過。如果沒有上述軟體，請至樂高 MindStorms 官方網站（http://mindstorms.lego.com/en-us/support/files/default.aspx#Driver）下載最新版本的NXT驅動程式。

圖3-19 樂高 MindStorms NXT驅動程式下載頁面

03

開發環境設定

3-4-2 安裝 leJOS NXJ

完成安裝 Java 環境之後，請接著安裝 leJOS，本書使用的 leJOS 版本為 0.9。接下來請依序下列安裝程序：

STEP20

進入 leJOS 的官方網站（http://lejos.
sourceforge.net）後，請點選左側欄 leJOS
NXJ 下面的 Downloads 項目。

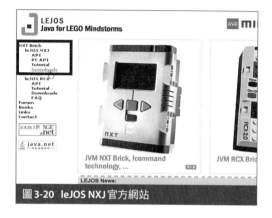

圖 3-20　leJOS NXJ 官方網站

STEP21

選擇您的作業系統，請點選 Win32 leJOS
NXJ 下面的下載連結。

STEP22

點選 0.9.0beta 跳轉頁面後，請點選「
Download GUI installer for Windows (12.0
MB)」，將會下載 leJOS_NXJ_0.9.0-Setup.
exe 這個檔案。

STEP23

進入下載頁面後，瀏覽器會自動下載安
裝檔。下載完成後請點選安裝檔開始安
裝，使用預設設定完成安裝步驟即可。

圖 3-21　點選 leJOS 下載連結

圖 3-22　下載 leJOS 安裝檔

3-4-3 安裝NXJ韌體

由於leJOS使用的韌體和NXT原廠韌體不同,所以在開始編寫leJOS程式之前,需要先更新韌體。操作過程很簡單,請依照下列步驟操作:

STEP24

leJOS NXJ安裝完成之前,系統會顯示安裝NXJ韌體視窗,請將您的NXT開機並用USB 線來接上電腦,再點選Start Program按鈕,如圖3-23a與3-23b所示。

圖 3-23a 安裝 NXT 韌體視窗

圖 3-23b Start Program 按鈕

STEP25

請開啟NXT主機電源且連上電腦,接著點選確定鍵。

圖 3-24 確認 NXT 連線視窗

STEP26

更新韌體會將NXT主機中的所有檔案刪除,請點選「是」清除所有檔案,否則選「否」。

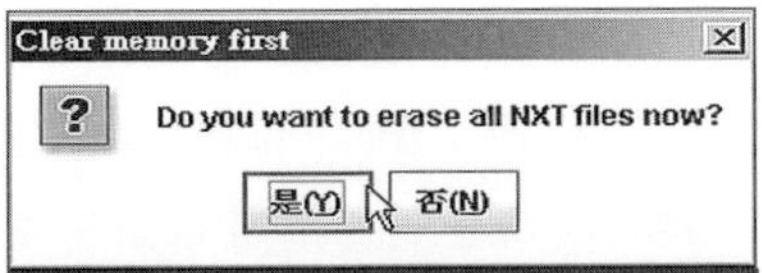

圖 3-25 確認刪除所有 NXT 裡的檔案

STEP27

更新完韌體之後系統會再次詢問是否需要再次更新,如果沒有異常情況請點選「否」來結束更新韌體程序。

圖 3-26 韌體更新完成

3-5. 設定電腦環境

我們需要在電腦上進行相關的環境設定才能順利執行Java、Android SDK與leJOS NXJ，例如環境變數等等。最後還要修改副檔名顯示設定來顯示檔案的副檔名，請跟著下列步驟來完成電腦環境設定。

3-5-1 設定環境變數

STEP28

請在「我的電腦」上點選右鍵後，再選擇「內容」（圖3-27）。

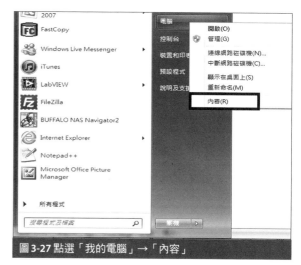

圖 3-27 點選「我的電腦」→「內容」

STEP29

在系統視窗中點選「進階系統設定」標籤（圖3-28a），接著在系統內容視窗的進階標籤頁中點選「環境變數」（圖3-28b）。

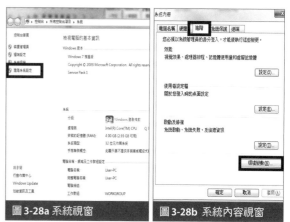

圖 3-28a 系統視窗

圖 3-28b 系統內容視窗

STEP30

進入「環境變數」視窗後，您可以看到「使用者變數」
及「系統變數」兩個欄位，內容項目會因每個人的電
腦而有所不同。接下來請在「系統變數」變更設定，
點選「新增」來新增系統變數，若該變數已存在時，
請點選「編輯」修改變數。如果要在一個變數中新增
多個值，請用「;」隔開，詳細要新增或修改的項目
如表3-1。

圖 3-29「環境變數」視窗

表3-1 本書所需設定之系統變數	
變數名稱	**變數設定**
JAVA_HOME	JDK安裝路徑，例如 "C:\Program Files\Java\jdk1.6.0_23"
NXJ_HOME	leJOS NXJ的安裝路徑，例如 "C:\Program Files\leJOS NXJ"
CLASSPATH	建立CLASSPATH，值設為 "."
Path	請新增 "%JAVA_HOME%\bin "、"%NXJ_HOME%\bin " 與 "C:\Android\android-sdk-windows\tools"路徑，不同路徑請用分號 ";" 隔開

STEP31

我們可以在命令提示字元下測試Java、
Android以及leJOS環境是否都已正確建
立，請點選開始→執行，輸入cmd後進
入命令提示字元。請在命令提示字元視
窗中依序輸入「javac」、「java」、「android
-h」、「nxjc」、「nxj」、「nxjpcc」、「nxjpc」
等指令，會出現以上指令的對應內容
（圖3-30）。

輸入以上任一個指令時，如果碰到圖
3-31的情況，請重新檢查所有的設定是
否正確無誤。

圖 3-30 在命令提示字元中輸入 android -h

C:\>javac
'javac' 不是內部或外部命令、
可執行的程式或批次檔。

圖 3-31 錯誤畫面

3-5-2 顯示檔案副檔名

STEP32

最後要修改系統設定來顯示檔案的副檔
名,讓我們寫程式時方便辨認檔案類
型。請進入控制台→資料夾選項,在資
料夾選項視窗中點選「檢視」標籤,取
消勾選「隱藏已知檔案副檔名」選項後
按「確定」,這樣就可以看到檔案的副檔
名了(圖3-32)。

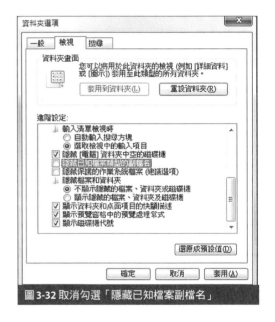

圖 3-32 取消勾選「隱藏已知檔案副檔名」

3-6. 總結

　本章帶領您逐步安裝了 Java JDK、Android SDK 與 leJOS NXJ 開發環境,以及 Eclipse
IDE。我們可在 Eclipse 中另外安裝 Android 開發工具 ADT,它可在 Eclipse 中建立新的
Android 專案,並提供強大的除錯與追蹤功能。

　另一方面由於我們無法在樂高原廠的韌體上執行 Java,因此需要更新 NXT 主機上的韌
體才能順利執行。下一章我們會開始編寫第一個 leJOS 程式,好讓您能在往後的專題中
獨力開發各種機器人應用程式。

CHAPTER
{ 04 }
leJOS 機器人控制方法

leJOS 機器人控制方法

　　本章將介紹基礎的 **leJOS** 機器人控制方法，包含馬達與感應器等常用指令。我們將實際編寫、編譯一個 **leJOS** 程式，並使用這個程式來控制機器人的動作。如果您對於使用 **leJOS** 開發機器人程式有興趣，可建議閱讀本書作者群之另一機器人著作《機器人程式設計與實作 使用 **Java**》。

4-1. 第一個程式

4-1-1 建立原始碼

　　Java 原始碼檔案的副檔名是 .java，我們要在原始碼中定義了機器人的行為，經過編譯之後就可以下載到 NXT 主機上來執行。Java 原始碼需要透過 leJOS NXJ 編譯成 .class 檔之後才能 NXT 主機上執行。請依照下列步驟來進行前置作業：

STEP1
請在桌面按滑鼠右鍵點選「新增」→「文字文件」。

STEP2
將文字文件的名稱改為「Sample.java」。這時會跳出一個視窗詢問是否確定要變更副檔名，請按「是」來確認變更副檔名，這時就建立好一個 java 原始檔了。

4-1-2 如何編輯 Java 檔案

　　我們可以在 Eclipse 中建立一個 Java 程式，但由於 leJOS 並未提供 Eclipse 的外掛模組，因此我們無法在 Eclipse 中將原始檔編譯成 .nxj 檔，需要在命令提示字元下輸入相關指令才能完成編譯與下載等動作。

　　我們可以直接開啟方才建立的 Sample.java，但是文字文件沒有提供顏色提示以及粗體斜體等輔助功能，因此不適合用來開發較大的程式專案。作者在此推薦您一個好用的文字編輯器 Notepad++（ http://notepad-plus-plus.org/ ），它是一個免費的代碼編輯器。它的開發群是台灣人，請大家多多支持本土的開發團隊。請到本書網站下載 Notepad++ 安裝程式，我們所附的是Notepad++5.8.7免安裝中文版，直接點選執行檔就可開啟Notepad++環境，如圖4-1。接著請點選File→New開啟一個新的檔案，接著選擇File→Save As…將這個空白檔案的副檔名設為.java，這樣就完成了。

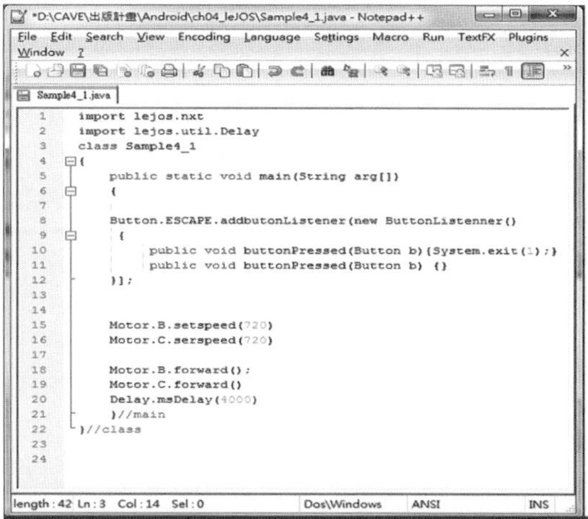

圖 4-1 Notepad++代碼編輯器

CAVE說：編輯器建議

請不要用排版軟體編輯原始檔，例如Word或是OpenOffice.org的writer，因為Java原始碼是「純文字」檔案，文字本身不具有格式，如果使用排版軟體會加入表示格式的符號而影響原始碼內容。

4-1-3 Java程式架構

絕大部分的程式碼閱讀方向都是由上到下，而我們可以從指令或參數來大致得知它們的意思，指令通常是由多個字所組成，例如Motor.B.setSpeed指令的意思即為「設定B馬達速度」，而指令之間的階層關係則是用建構子.來分隔。和程式相關的文字一律用半形。至於{ }、( )與[ ]等括弧具有不同意義，不能混淆使用。一個Java程式架構看起來長這樣：

```
01   class Sample
02   {
03       public static void main(String args[])
04       {
05       …指令…
06       //註解方式1
07       …指令…
08           /*
09       註解方式2
```

```
10        */
11      }//main結束
12    }//Sample結束
```

　　第1行的Sample是類別的名稱，它必須和檔案名稱相同，例如方才建立的Sample.java中的類別名稱就一定要為「Sample」，另外leJOS規定檔名不可超過16個字（不含副檔名），大小寫有區分。程式內容在大括號{}裡面定義。

```
01    class Sample {…}
```

　　第3行所宣告的main是主程式，程式啟動時會先執行main的內容，也就是大括號{}中的程式碼。

```
03    public static void main(String args[]) {…}
```

　　第6、8～10行分別是兩種在程式中進行註解的方式，分別是「//…」、「/*…*/」，程式編譯時會自動略過註解文字，所以我們當然可以在註解中輸入中文。兩種註解方式的差別是前者只能寫一行，後者可以寫多行。寫程式時加上註解是好習慣，它可以讓程式易讀易懂，良好的註解在多人協同開發專案時非常重要。

```
06    //註解方式1
07    …指令…
08    /*
09    註解方式2
11    */
```

4-2. 機器人基本動作控制

4-2-1. 組裝範例機器人

　　樂高NXT機器人在不加裝擴充裝置的情況下最多可連接三個馬達，兩個用來控制機器人前進、後退與轉彎，第三個馬達則是做成夾子、投球手臂等機構。本

圖4-2 範例機器人

書中的範例程式都可使用附錄 A 的範例機器人來完成，或者您想要挑戰自己的組裝技巧也是很好的，但請注意馬達與 NXT 的方向要與圖 4-2 中的範例機器人相同，不然當您要機器人前進時，它反而會倒退走。

4-2-2 第一個 leJOS 程式　控制機器人前進

請新增一個名為 Sample4_1.java 檔案，完成之後請輸入以下的內容。請注意檔名和第 3 行的 class 名稱必須相同，否則將無法順利執行。

Sample4_1.java

```
01  import lejos.nxt.*; //載入lejos.nxt類別
02  import lejos.util.Delay; //載入Delay類別
03  class Sample4_1 //類別名稱Sample4_1必須和檔案名稱相同
04  {
05      public static void main(String args[])
06      {
07      //定義取消鍵可以結束程式
08      Button.ESCAPE.addButtonListener(new ButtonListener()
09      {
10      public void buttonPressed(Button b){System.exit(1);}
11      public void buttonReleased(Button b){}
12      });
13
14      //設定速度
15      Motor.B.setSpeed(600); //設定B馬達速度為600(度/秒)
16      Motor.C.setSpeed(600); //設定C馬達速度為600(度/秒)
17
18      //車子前進3.5秒
19      Motor.B.forward(); //B馬達正轉
20      Motor.C.forward(); //C馬達正轉
21      Delay.msDelay(3500); //等待3.5秒
22      }//main
23  }//class
```

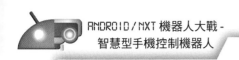
在第1行所載入的lejos.nxt類別，這是每一個leJOS程式都要用到的重要類別，它包含了NXT機器人馬達與感應器等相關控制指令。另外在第21行用到了Delay指令，所以需要載入Delay類別（第2行）。如果之後的程式中沒有使用Delay指令，就可以不必載入它。

```
01    import lejos.nxt.*;
02    import lejos.util.Delay;
```

在其它樂高機器人程式環境中，例如NXT-G，由於使用了樂高官方的標準韌體，所以它已經設定好程式執行中隨時按下灰色取消鍵都可以終止程式，但是leJOS則必須自己定義程式結束的條件，因此需要第8~12行這段程式碼才能用取消鍵來結束程式。

```
08    Button.ESCAPE.addButtonListener(new ButtonListener()
09    {
10        public void buttonPressed(Button b){System.exit(1);}
11        public void buttonReleased(Button b){}
12    });
```

第15~16行的指令將B、C馬達的速度設定為600度/秒，但請注意這組指令不會使馬達轉動。括號中的單位是用來指定馬達每秒轉動的度數，最大值是900，就是馬達每秒旋轉2.5圈的意思。

```
15    Motor.B.setSpeed(600);
16    Motor.C.setSpeed(600);
```

第19~20行的forward()指令才能使馬達正轉，B、C馬達同時正轉使車子前進。Delay.msDelay()指令可使程式等候我們所指定的時間，參數為毫秒（1/1000秒）。

```
19    Motor.B.forward();
20    Motor.C.forward();
21    Delay.msDelay(3500);
```

4-3. 編譯、執行 leJOS 程式

4-3-1 如何編譯 Java 原始檔

如同先前所述，我們無法在 Eclipse 中將
java 原始檔編譯為可在 NXT 主機上執行的
nxj 檔。因此我們必須在命令提示字元中下
指令來編譯、下載並執行程式。

STEP1

請點選左下角的 Windows 圖示，在附屬
應用程式中找到命令提示字元。

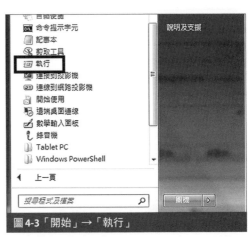

圖 4-3 「開始」→「執行」

STEP2

這時會跳出命令提示字元視窗，預設設
定為黑底白字，為了讓您較易閱讀因
此本書皆改為白底黑字。圖 4-5 中「C:\
Users\User>」是目前所在的目錄。

圖 4-4 提示字元視窗畫面

STEP3

我們需要先移動到 Java 原始碼所在的資
料夾才能對它進行編譯，假設方才的
Sample4_1.java 這個檔案位於 Windows
的 D:\leJOS 資料夾中，所以我們需要移
動到「D:\leJOS」這個資料夾底下才能
進行編譯。請依序輸入「D:」與「cd
leJOS」這兩個指令，所在目錄便會移動
到 D:\leJOS 資料夾下了。若要跳到上一
層目錄，則輸入「cd..」，移動目錄的指
令是「cd 目錄名稱」，列出這個資料中
的所有資料的指令是「dir」。

圖 4-5 移動到 D:\leJOS 資料夾

STEP4

編譯 leJOS 原始檔的指令為「nxjc 檔案名稱」，檔案名稱必須包含副檔名，在此請輸入
「nxjc Sample4_1.java」，如圖 4-6a。如編譯成功則不會產生錯誤代碼並產生一個 .class
檔案（圖 4-6b），真正下載到 NXT 主機上的就是這個 .class 檔。如果發生錯誤則會顯示
相關的錯誤代碼與行號，如圖 4-6c。

圖 4-6a 編譯 leJOS 原始檔　　圖 4-6b 編譯後產生 .class 檔　　圖 4-6c 編譯錯誤資訊

4-3-2 執行檔案

　　編譯完成後就要執行檔案了，請先將
NXT 開機後連上電腦。下載程式到 NXT 的
指令為「nxj 程式名稱」，請注意和編譯動
作不同的地方在於 nxj 指令不需要輸入副
檔名，在此請輸入「nxj Sample4_1」。過
程中 leJOS 會把先前編譯好的 .class 位元組
碼封裝成 nxj 檔再下載到 NXT。若下載成
功，NXT 會發出一串音效，您也可從命令
提示字元中看到相關的資訊，如圖 4-7。

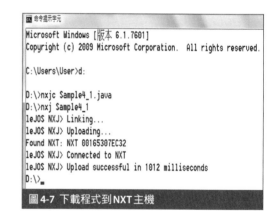

圖 4-7 下載程式到 NXT 主機

CAVE 說：進階下載指令

我們可以在 nxj 指令後加上各種旗標來進行進階設定，例如：

「-r」：讓程式下載完成後自動執行

```
C:\>nxj -r Sample4_1
```

「-b」：透過藍牙連線下載

```
C:\>nxj -b Sample4_1
```

「-u」：透過USB連線下載

```
C:\>nxj -u Sample4_1
```

「-n 名稱」：指定將程式下載到名為cave的NXT主機。

```
C:\>nxj -n cave Sample4_1
```

「-d 位址」：指定將程式下載到主機位址為「00:16:53:01:38:4F」的NXT主機。

```
C:\>nxj –d 00165301384f  Sample4_1
```

4-4. 機器人動作

　　本段將介紹馬達指令與延遲指令，藉由這兩個指令我們就能控制機器人做出前進後退與轉彎等不同的動作。

4-4-1 馬達指令

　　馬達的基本動作有正轉、倒轉、停止。A、B、C分別代表NXT三個輸出端。

```
Motor.A.forward(); //A馬達正轉
Motor.B.backward(); //B馬達反轉
Motor.C.stop(); //C馬達停止
```

　　除了設定馬達轉動的方向之外，我們還能設定馬達轉動的速度。setSpeed()指令可以設定馬達的轉速，參數表示每秒轉的度數，值可為-900~900，負數代表反向轉動。

```
Motor.B.setSpeed(360); //設定B馬達每秒轉360度，也就是一圈
```

4-4-2 延遲指令

　　我們可以用延遲指令來讓程式執行一段特定的時間，一般常用的是Delay.msDelay()指令，時間單位為毫秒，使用Delay指令時必須另外載入lejos.util.Delay類別，如<Sample4_1>的第2行。

　　除了Delay之外，還可以用thread來達成相同的效果，不過必須搭配「try…catch」結

構來處理 thread 執行過程中可能產生的例外（Exception）。

```
try{
    //Thread.Sleep(int 毫秒數);
    Thread.Sleep(1500); //等待1.5秒
} catch(InterruptedException e){}
```

CAVE說：不同時間單位的 Delay 指令

Delay 除了有 msDelay 之外，還有 usDelay、nsDelay 等不同時間單位，它們的功能都是延遲狀態，差別是在於參數的時間單位。

msDelay：單位為毫秒(秒)

Delay.usDelay(1000); //等待1秒

usDelay：單位為微秒(秒)

Delay.usDelay(1000000); //等待1秒

nsDelay：單位為微秒(秒)

Delay.nsDelay(1000000000); //等待1秒

4-4-3 範例

接著我們要控制範例機器人前進、後退與轉彎，這是藉由控制機器人兩側馬達的轉動方向、速度來達成的。兩個輪子同時正轉或反轉就是前進或後退，當兩輪產生速差時，例如一輪動另一輪不動，就會進行轉彎，再搭配時間控制就可以決定機器人轉彎的程度。請看 <Sample4_2>：

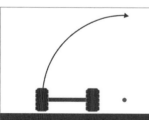 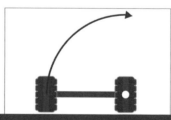 

圖 4-8a 兩輪轉向相同但轉速不同，將行走弧形軌跡。　圖 4-8b 一輪動一輪不動，將以不動的那一輪為圓心來旋轉。　圖 4-8c 兩輪轉速相同但轉向相反，將原地旋轉。

CAVE說：小圓點就是旋轉中心！

```
01    import lejos.nxt.*;
02    import lejos.util.Delay;
03    class Sample4_2
04    {
05        public static void main(String args[])
06        {
07            //定義取消鍵可以結束程式
08            Button.ESCAPE.addButtonListener(new ButtonListener()
09            {
10                public void buttonPressed(Button b){System.exit(0);}
11                public void buttonReleased(Button b){}
12            });
13
14            //設定速度
15            Motor.B.setSpeed(600); //設定B馬達速度為600(度/秒)
16            Motor.C.setSpeed(600); //設定C馬達速度為600(度/秒)
17
18            //車子前進3.5秒
19            Motor.B.forward(); //B馬達正轉
20            Motor.C.forward(); //C馬達正轉
21            Delay.msDelay(3500); //等待3.5秒
22
23            //車子左轉2.5秒
24            Motor.B.stop(); //B馬達停止
25            Delay.msDelay(2500); //等待2.5秒
26
27            //車子倒退2秒
28            Motor.B.backward(); //B馬達倒轉
29            Motor.C.backward(); //C馬達倒轉
30            Delay.msDelay(2000); //等待2秒
31        }//main
32    }//Sample 4_2
```

首先要設定左右馬達的轉速為600度/秒。

```
15    Motor.B.setSpeed(600);
16    Motor.C.setSpeed(600);
```

兩輪同時正轉會讓機器人前進,這個動作維持3.5秒。

```
19    Motor.B.forward();
20    Motor.C.forward();
21    Delay.msDelay(3500);
```

左輪(B馬達)停止但右輪(C馬達)仍在轉動,因此會使機器人右轉2.5秒。

```
24    Motor.B.stop();
25    Delay.msDelay(2500);
```

兩輪同時反轉會使機器人向後退,這個動作維持2秒。

```
28    Motor.B.backward();
29    Motor.C.backward();
30    Delay.msDelay(2000);
```

4-5. 感應器

機器人的感應器好比人身上的各種感官,可以感知周遭環境的各種變化。樂高為NXT
推出了6種感應器:觸碰感應器、聲音感應器、光感應器、超音波感應器、顏色感應器
與溫度感應器。由於溫度感應器應用領域較少且不易取得,因此本段將只介紹前五種感
應器。您可從中了解感應器的宣告與讀值方法,並搭配我們提供的範例來練習。

4-5-1 leJOS 的感應器類別

NXT有4個輸入端可連接不同的感應器或其他周邊擴充設備。leJOS中與感應器相關的
指令已經包含在lejos.nxt類別之下,因此不必額外載入其他套件。使用感應器時必須使
用對應的類別來建立感應器物件後才能正確使用。例如我們可利用TouchSensor類別來
建立一個觸碰感應器物件,並用SensorPort.S1來表示觸碰感應器接在NXT輸入端1。請
看以下簡例:

```
//感應器類別 sensor = new 感應器類別(輸入端);
TouchSensor touch = new TouchSensor(SensorPort.S1);
```

SensorPort.S1 可以改成 S2、S3、S4 來表示不同輸入端，當然也要用對應的類別來建立感應器物件。表 4-1 列出不同感應器所用的類別，其中 CompassSensor、TiltSensor 可以通用於 HiTechnic、Mindsensors 兩家廠商的產品，Firgelli 則是生產適用於 NXT 的線性制動器廠商。

表 4-1 感應器類別

廠商	名稱	類別
樂高	觸碰感應器	TouchSensor
	光感應器	LightSensor
	聲音感應器	SoundSensor
	顏色感應器	ColorLightSensor
	超音波感應器	UltrasonicSensor
	RCX觸碰感應器	TouchSensor
	RCX溫度感應器	RCXTemperatureSensor
HiTechnic	指北針感應器	CompassSensor
	顏色感應器	ColorSensor
	光電接近感應器	EOPD
	陀螺儀感應器	GyroSensor
	加速度感應器	TiltSensor
	紅外線連接感應器	IRLink
	紅外線搜尋感應器	IRSeeker
	角度感應器	AngleSensor
Mindsensors	加速度感應器	TiltSensor
	攝影機	NXTCam
	指北針感應器	CompassSensor
	光學測距感應器	OpticalDistanceSensor
	RCX連接感應器	RCXLink
	PSP搖桿接收器	PSPNXController
	RCX馬達多工器	RCXMotorMultiplexer
	光感應器陣列	NXTLineLeader
Firgelli	線性致動器	LinearActuator

04

CAVE說：相容NXT的非官方感應器

樂高官方的感應器有觸碰、聲音、光源、超音波、溫度和顏色等感應器，如果需要量測其他的物理量，例如加速度、酸鹼值或傾斜度，就要外接其他廠商所生產的感應器。這些相容的感應器大大地增加了機器人的功能性，較著名的公司有 HiTechnic、MindSensors、Firgelli 與 Vernier。

HiTechnic 感應器特色是外殼和樂高官方感應器相同，除了有感應器外，也有多工器、紅外線球、開發板等產品。感應器產品有顏色、指北針、軸加速度、三軸加速度及傾斜感應器等。

MindSensors 感應器特色偏向實用用途，例如攝影機、多重光感應器和 PSP 搖桿連接器等。

Firgelli 則是生產各種線性致動器，也有適用於 NXT 的規格（伸長量 50mm 與 100mm），在某些特殊場合可以達到相當精確的軸向控制。

Vernier 有推出轉接器，讓 NXT 連接 Vernier 的感應器。Vernier 的感應器大多是科學用途，例如 pH 值、氣體濃度感應器等。更多資訊可至上述廠商官方網站：

HiTechnic http://www.hitechnic.com/

MindSensors http://www.mindsensors.com/

Firgelli http://www.firgelli.com/

Vernier http://www.vernier.com/

4-5-2 觸碰感應器

觸碰感應器的前端有一個橘色按鈕，機器人藉由判斷這個按鈕是否被壓下來得知是否與物體碰撞。我們可以把觸碰感應器當成一個「開關」，換句話說它只能判斷「有」與「沒有」被壓下，而無法判斷程度上的差異。

圖4-9 觸碰感應器

建構子

使用 TouchSensor 類別來建立觸碰感應器物件，並在括號內指定感應器的輸入端。請看以下語法：

```
//TouchSensor(輸入端)
TouchSensor touch = new TouchSensor(SensorPort.S1);
```

方法

☛ 檢查是否被壓下 - **isPressed( )**

isPressed( ) 來取得按鈕狀態，並回傳一個布林值來代表是否被壓下。**True** 為壓下，反之為 **false**。

```
boolean bump = touch.isPressed();
```

範例：碰碰車

請在範例機器人前方裝上一個觸碰感應器，觸碰感應器要朝向前方。<Sample4_3>執行時機器人會向前走，一旦撞到障礙物就會後退並轉彎來躲避障礙物。

Sample4_3.java

```
01  import lejos.nxt.*;
02  import lejos.util.Delay;
03  class Sample4_3
04  {
05      public static void main(String args[]) throws Exception
06      {
07          Button.ESCAPE.addButtonListener(new ButtonListener()
08          {
09              public void buttonPressed(Button b){System.exit(1);}
10              public void buttonReleased(Button b){}
11          });
12
13          TouchSensor touch = new TouchSensor(SensorPort.S1);
14          //建立TouchSensor物件，將觸碰感應器接在輸入端1
15
16          Motor.B.setSpeed(360);
17          Motor.C.setSpeed(360);
18
19          while(true)
20          {
21              if(touch.isPressed()) //撞到障礙物
22              {
23                  //煞車
24                  Motor.B.stop();
```

```
25
26
27              //倒退0.8秒
28              Motor.B.backward();
29              Motor.C.backward();
30              Delay.msDelay(800);
31
32              //轉彎0.5秒
33              Motor.B.forward();
34              Motor.C.backward();
35              Delay.msDelay(500);
36          }//if
37          else //沒撞到物體
38          {
39              //繼續行走
40              Motor.B.forward();
41              Motor.C.forward();
42          }//else
43      }//while
44      }//main
45 }//Sample4_3
```

4-5-3 聲音感應器

聲音感應器可以偵測環境中音量的大小。請注意如果在嘈雜環境使用聲音感應器的效果會大打折扣。另一方面馬達在運轉時會產生很大的噪音，所以將聲音感應器安裝在機器人上時需離馬達遠一點。聲音感應器測量的是聲音壓力（db、dBA）而非音頻（frequency）。

圖4-10 聲音感應器

🔧 **建構子**

使用SoundSensor來建立聲音感應器物件，並在括號內指定感應器的輸入端。請看以下語法：

```
//SoundSensor(輸入端)
SoundSensor sound = new SoundSensor(SensorPort.S2);
```

另外可以加上一個布林參數來設定聲音的模式為 dB 或 dBA。

```
//SoundSensor(輸入端, boolean 是否使用dBA模式)
SoundSensor sound = new SoundSensor(SensorPort.S2, true); //使用dBA模式
SoundSensor sound = new SoundSensor(SensorPort.S2, false); //使用dB模式
```

leJOS 機器人控制方法

方法

☛ 取音量值 - readValue( )

用 **readValue( )** 方法取得音量，回傳一個介於 **0~100** 之間的整數值。

```
int n = sound.readValue();
```

☛ 切換 dB、dBA 模式 - setDBA( )

用 **setDBA( )** 切換 **dB** 或 **dBA** 模式。

```
//setDBA(boolean 是否使用dBA模式);
sound.setDBA(true); //dBA模式
sound.setDBA(false); //dB模式
```

範例：聲控車

請在範例機器人裝上一個聲音感應器，聲音感應器請朝上並且離馬達遠一點會有比較良好的偵測效果。<Sample4_4> 執行時只要對感應器喊一聲，機器人就會前進；再喊一聲，機器人便停止並結束程式。請注意程式中的參數值（例如音量的目標值80）可能因為不同環境而需要修改。

Sample4_4.java

```
01   import lejos.nxt.*;
02   import lejos.util.Delay;
03   class Sample4_4
04   {
05       public static void main(String args[])
06       {
```

```
07    Button.ESCAPE.addButtonListener(new ButtonListener()
08    {
09        public void buttonPressed(Button b){System.exit(1);}
10        public void buttonReleased(Button b){}
11    });
12
13    SoundSensor sound = new SoundSensor(SensorPort.S2);
14    //建立SoundSensor物件，將聲音感應器接在輸入端2
15
16    Delay.msDelay(1000); //1秒後開始，預防啟動的聲音影響
17    while(sound.readValue()<80) {}
18    //等待聲音值大於80，否則會一直留在本迴圈
19    while(sound.readValue()>=80) {} //等待聲音變小
20
21    //車子前進
22    Motor.B.forward();
23    Motor.C.forward();
24
25    while(sound.readValue()<80) {} //等待聲音值大於80
26
27    //車子前進
28    Motor.B.stop();
29    Motor.C.stop();
30    }//main
31 }//Sample4_4
```

4-5-4　光感應器

　　光感應器可以測量來自某個方向的光源強度。它的前方有兩個燈泡，一個會發光以增加物體的反射光強度，另一個則是接收物體的反射光，兩者之間隔有一片塑膠板以避免發光燈泡影響偵測結果。光感應器可藉由反射光的強弱來辨識某個物體的顏色，或者使用它來達成基本的測距功能。但大部分的情況下機器人都是使用光感應器來辨識軌跡線。

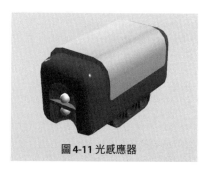

圖 4-11 光感應器

光感應器回傳的值會介於 0（最暗）～ 100（最亮）。請注意光感應器是偵測物體反射光的強度（intensity），而不能真正看到東西。由於本身精確度不算太高，光感應器也不能用來分辨紅色與橘色這兩種很接近的顏色，這也是光感應器本身最大的限制。新推出的 NXT 2.0 顏色感應器在顏色辨識的效果就比光感應器進步許多，我們會在 4-5-6 節會介紹 NXT 2.0 顏色感應器。

🔧 建構子

使用 LightSensor 類別來建立光感應器物件，並在括號內指定感應器的輸入端。請看以下語法：

```
LightSensor light = new LightSensor(SensorPort.S3);
```

可以在括號內另加上一個布林參數來改變偵測模式，true 為反射光模式（燈泡發光），false 為環境光模式（燈泡不發光）。

```
//LightSensor(輸入端, boolean 是否開燈)
LightSensor light = new LightSensor(SensorPort.S3, true); //反射光模式
LightSensor light = new LightSensor(SensorPort.S3, false); //環境光模式
```

方法

☞ **readValue( )- 讀取亮度值**
讀取的亮度值為 **0~100** 的百分比值，以 **int** 型態回傳。

```
int lv = light.readValue();
```

☞ **setFloodlight( ) - 切換反射光、環境光模式**
布林參數可用來切換反光模式。

```
//setFloodlight(boolean 是否開啟燈光);
light.setFloodlight(true); //反射光模式
light.setFloodlight(false); //環境光模式
```

範例：顯示光值

請在範例機器人前方裝上一個朝下的光感應器，並將光感應器組裝於機器人的中心線

上即可，之後您可按照實際需求來調整光感應器的位置。<Sample4_5>執行時，NXT
主機會持續將光感應器值更新在螢幕上（第16行），您可以把它當作光度計來使用，
觀察看看環境中所能偵測到最高與最低的光值分別為何。您也可以自行設計一台會沿
著不規則黑線移動的循跡機器人。

Sample4_5.java

```
01   import lejos.nxt.*;
02   import lejos.util.Delay;
03   class Sample4_5
04   {
05       public static void main(String args[])
06       {
07           Button.ESCAPE.addButtonListener(new ButtonListener()
08           {
09               public void buttonPressed(Button b){System.exit(1);}
10               public void buttonReleased(Button b){}
11           });
12           LightSensor light = new LightSensor(SensorPort.S3);
             //建立LightSensor物件，將光感應器接在輸入端3
13           while(true)
14           {
15               LCD.clear(); //清除螢幕
16               LCD.drawInt(light.readValue(), 0, 0); //顯示感應器讀值
17               Delay.msDelay(200);
18           }//while
19       }//main
20   }//Sample4_5
```

4-5-5 超音波感應器

　　超音波感應器是一種I²C數位感應器，其它的NXT感應器都屬於類比感應器。超音波感應
器有內建的晶片來處理資料。機器人就是利用超音波感應器來偵測周遭物體的距離變化並
在撞上去之前躲開，這是一種非接觸式的障礙物偵測。

　　超音波感應器好比是聲納（sonar），它可以連續或單次發射超音波並記錄超音波被物
體反射後回傳給感應器所需的時間，藉此轉換成距離回傳給NXT。請注意超音波感應器

的預設單位是公分，我們也可切換為英吋。實際使用上，超音波感應器可測到最短的距離約為 5 公分，最遠距離約為 170 公分，這些數值會根據機器人所在環境而有所改變。另外超音波感應器的雜訊不小，在牆角的時候尤其明顯。

圖4-12 超音波感應器

⚙ 建構子

使用 UltrasonicSensor 類別建立超音波感應器物件，並在括號內指定感應器的輸入端。請看以下語法：

```
//UltrasonicSensor(輸入端)
UltrasonicSensor ultrasound = new UltrasonicSensor(SensorPort.S4);
```

方法

☛ **getDistance( ) - 取得距離**

以公分為單位，以 **int** 型態回傳，可測最遠距離大約 **170** 公分，若沒有偵測到物件則回傳 **255**。

```
int dis = ultrasound.getDistance();
```

範例：保持距離

請在範例機器人裝上一個超音波感應器，超音波感應器要朝向前方。<Sample4_6> 執行時，機器人會試著和前方的物體保持固定的距離。請將手放到超音波感應器前面，並將手前後緩緩移動，機器人會前進或後退來調整距離。

<Sample4_6.java>

```
01    import lejos.nxt.*;
02    class Sample4_6
03    {
```

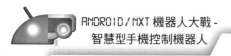
```
04      public static void main(String args[]) throws Exception
05      {
06          Button.ESCAPE.addButtonListener(new ButtonListener()
07          {
08              public void buttonPressed(Button b) {System.exit(1);}
09              public void buttonReleased(Button b) {}
10          });
11          UltrasonicSensor us = new UltrasonicSensor(SensorPort.S4);
12          //建立UltrasonicSensor物件，將超音波感應器接在輸入端4
13          int distance, limit = 15; //設定保持的距離為15公分
14
15          Motor.B.setSpeed(200);
16          Motor.C.setSpeed(200);
17
18          while(true)
19          {
20              distance = us.getDistance();
21              if(distance==255 || distance==limit) //沒有物件或距離剛好
22              {
23                  Motor.B.stop();
24                  Motor.C.stop();
25              }//if
26              else if(distance>limit) //物體太遠，機器人向前走
27              {
28                  Motor.B.forward();
29                  Motor.C.forward();
30              }//else if
31              else if(distance<limit) //物體太近，機器人向後退
32              {
33                  Motor.B.backward();
34                  Motor.C.backward();
35              }//else if
36          }//while
37      }//main
38  }//Sample4_6
```

4-5-6 顏色感應器

在產品編號8547的NXT 2.0套件中以新款的顏色感應器來取代原有的光感應器。NXT2.0顏色感應器對於顏色的辨識效果比光感應器提升許多，可以辨別黑、白、紅、藍、黃與綠共六種顏色，另外也可以當做多色燈泡使用。請看圖4-12，顏色感應器右上角的燈泡可以發出紅、綠與藍色的光可增加某些顏色的反差以利辨識。左上角的燈泡則是讀取光值的變化。

圖4-13 顏色感應器

載入套件

NXT2.0顏色感應器屬於lejos.nxt下的ColorLightSensor類別，不需要另行載入。但是判斷顏色的時候會用到lejos.robotics.Colors類別，就必須另外載入此類別。

建構子

顏色感應器使用ColorLightSensor建立感應器物件，除了指定輸入端外，還要設定感應器的類別（Type）。表4-2列出了顏色感應器的類別參數，其中紅色、綠色、藍色皆屬於單色類別（single color）。

表4-2 顏色感應器類別	
參　數	**類別**
ColorLightSensor.TYPE_COLORFULL	彩色
ColorLightSensor.TYPE_COLORNONE	無色
ColorLightSensor.TYPE_COLORRED	紅色
ColorLightSensor.TYPE_COLORGREEN	綠色
ColorLightSensor.TYPE_COLORBLUE	藍色

```
//ColorLightSensor(輸入端, 類別);
ColorLightSensor color
= new ColorLightSensor(SensorPort.S1, ColorLightSensorTYPE_COLORFULL); //彩色
ColorLightSensor color
= new ColorLightSensor(SensorPort.S1, ColorLightSensorTYPE_COLORBLUE); //藍色
```

方法：讀取顏色

ColorLightSensor類別下的方法相當豐富：getRedComponent( )、getGreenComponent( )以

及 getBlueComponent( ) 用來取得紅、綠、藍顏色飽和度；getLightValue( ) 則是像光感應器一樣來讀取亮度；getColor( ) 用來讀取各顏色飽和度；readColor( ) 用來讀取顏色例舉；最後則是 readValue(s)( )/ readRawValue(s)( ) 來讀取顏色的百分比值以及 raw 值。

☛ **getRedComponent( )**、**getGreenComponent( )**、**getBlueComponent( )** - 取得紅、綠、藍顏色飽和度。以上三個指令的回傳值皆為一介於 **0~255** 的整數，飽和度愈高，回傳值愈大。

```
int RColor = color.getRedComponent(); //紅色飽和度
int BColor = color.getBlueComponent();//綠色飽和度
int GColor = color.getBlueComponent();//藍色飽和度
```

☛ **getLightValue( )** - 讀取亮度
getLightValue( ) 會回傳一個介於 **0~100** 的整數來表示光的亮度，亮度愈高回傳值大。本指令和傳統的光感應器的效果是一樣的。

```
int lv = color. getLightValue();
```

☛ **getColor( )** - 讀取各顏色飽和度
getColor( ) 會回傳一個長度為 **3bytes** 的整數陣列，從陣列位址 **0~2** 分別表示紅、綠、藍的飽和度，範圍介於 **0~255** 之間。

```
int[] val = color.getColor();
int red = val[0]; //紅色飽和度
int green = val[1]; //綠色飽和度
int blue = val[2]; //藍色飽和度
```

☛ **readColor( )** - 讀取顏色例舉
readColor( ) 會回傳 **Colors.Color** 的例舉（**Enum**），請看以下簡例，回傳值請見表 4-3：

表 4-3 Colors.Color 的例舉

回傳值	顏色
Colors.Color.NONE	無
Colors.Color.BLACK	黑
Colors.Color.BLUE	藍
Colors.Color.GREEN	綠
Colors.Color.YELLOW	黃
Colors.Color.RED	紅
Colors.Color.WHITE	白

```
Colors.Color color = color.readColor();
```

☛ **readValue( )、readValues( ) - 讀取顏色百分比值**

當使用單色模式時，兩個指令皆會回傳一個介於 0~100 的整數值來代表該顏色的強度。若是彩色模式則回傳一個介於 **-1~6** 的值來表示不同顏色，詳見表 4-4。請注意 **readValues()** 的參數必須是長度為 **4** 的整數陣列，該方法會把紅、綠、藍、白的顏色飽和度（**0~255**）依序儲存到陣列中。

表4-4 顏色感應器回傳值	
回傳值（彩色模式）	顏色
-1,0	無
1	黑
2	藍
3	綠
4	黃
5	紅
6	白

```
//單色
int n = color. readValue(); //單色模式回傳單色百分比，彩色模式回傳顏色代表值

//彩色
int[] val = new int[4]; //長度為4的整數陣列
int n = color. readValues(val);
//陣列作為參數，單色模式回傳單色百分比，彩色模式回傳顏色代表值
int red = val[0]; //紅色飽和度
int green = val[1]; //綠色飽和度
int blue = val[2]; //藍色飽和度
int blank = val[3]; //空白飽和度
```

☛ **readRawValue( )、readRawValues( ) - 讀取顏色原始值**

單色模式時回傳該色的原始值（**Raw Value**），原始值的範圍為 **0~1023**，但實際上接收到的值不會超過 **600**。和 **readValues( )** 相同，**readRawValues( )** 的參數必須是長度為 **4bytes** 的整數陣列，在彩色模式時會讀取紅、綠、藍、白顏色原始值後分別儲存到陣列的 **0~3** 位址中。請看以下說明：

```
//單色
int n = color. readRawValues(); //回傳單色原始值
```

```
//彩色
int[] val = new int[4]; //長度為4的整數陣列
int n = color. readRawValues(val); //將顏色原始值儲存到陣列中
int red = val[0]; //紅色原始值
int green = val[1]; //綠色原始值
int blue = val[2]; //藍色原始值
int blank = val[3]; //空白原始值
```

☛ **setFloodlight( )**、**isFloodlightOn( )** - 設定是否亮燈

　setFloodlight( ) 是以一個布林值來設定燈泡是否開啟，**isFloodlightOn( )** 回傳一個布林值代表燈的狀況，**true** 為開啟，**false** 為關閉。

```
//setFloodlight(boolean 是否開燈);
color.setFloodlight(true); //亮燈
color.setFloodlight(false); //關燈
boolean LightOn= color.isFloodlightOn(); //回傳燈是否開啟
```

☛ **setFloodlight( )**、**getFloodlight( )** - 設定亮燈的顏色

　setFloodlight( ) 的參數為表 **4-3** 中 **Colors.Color** 類別的部分例舉，可用的例舉有 **Colors. Color.RED**、**Colors.Color.GREEN**、**Colors.Color. BLUE** 以及 **Colors.Color. NONE**，若使用其他的例舉會回傳一個 **false** 的布林值。**getFloodlight( )** 則是以 **Colors.Color** 例舉型式回傳目前亮燈的顏色。

```
// setFloodlight(Colors.Color 顏色)
color.setFloodlight(Colors.Color.RED); //亮紅燈
boolean b = color.setFloodlight(Colors.Color.NONE); //不亮燈，b = true
boolean b = color.setFloodlight(Colors.Color.YELLOW); //不合法，b = false
Colors.Color c = color.getFloodlight(); //取得亮燈的顏色
```

範例：讀取顏色

　請在範例機器人裝上一個 NXT2.0 顏色感應器，方向建議朝下方便讀取各種顏色。<Sample4_7> 會把偵測到的亮度、顏色飽和度和顏色模式顯示到螢幕上，請將 NXT2.0 顏色感應器連接到輸出端 1。

Sample4_7.java

```
01    import lejos.nxt.*;
02    import lejos.util.Delay;
03    import lejos.robotics.Colors;
04    class Sample4_7
05    {
06        public static void main(String args[]) throws Exception
07        {
08            Button.ESCAPE.addButtonListener(new ButtonListener()
09            {
10                public void buttonPressed(Button b){System.exit(1);}
11                public void buttonReleased(Button b){}
12            });
13
14            ColorLightSensor color = new
      ColorLightSensor(SensorPort.S1, ColorLightSensor.TYPE_COLORFULL);
15            //建立ColorLightSensor物件，彩色類別
16            int red, green, blue, brightness;
17            int [] values;
18            Colors.Color col;
19
20            while(true)
21            {
22                LCD.clear();
23                brightness = color.getLightValue(); //讀取亮度
24                col = color.readColor(); //讀取顏色類型
25                values = color.getColor(); //讀取各個顏色飽和度
26
27                red = values[0]; //紅色飽和度
28                green = values[1]; //綠色飽和度
29                blue = values[2]; //藍色飽和度
30
31                LCD.drawString("Brightness:" + brightness, 0, 0);
32                LCD.drawString("Color:" + col.toString(), 0, 1);
33                LCD.drawString("Red:" + red, 0, 2);
34                LCD.drawString("Green:" + green, 0, 3);
```

35	LCD.drawString("Blue:" + blue, 0, 4);
36	Delay.msDelay(200);
37	}//while
38	}//main
39	}//Sample4_7

4-6. 總結

　　本章中您學會了如何新增、編輯一個 Java 檔案,並在命令提示字元下將它編譯成可讓 NXT 主機執行的檔案格式,所有的 leJOS 程式都需要經過編譯才能下載給 NXT 執行。接著您也知道了如何設定馬達與感應器,機器人透過不同種類的感應器來得知周遭環境的變化並藉此做出正確的判斷,這是機器人智能的基礎。希望您能多多練習本章的範例,我們將在下一章介紹 Android 程式設計基礎,包含畫面配置以及常用元件的使用方法。

CHAPTER
{ 05 }
Android 程式設計基礎

Android 程式設計基礎

Google 於 2007 年推出 Android，很快地在 2010 年便打敗眾多智慧型手機作業平台，成為市占率為第二大的作業系統。當中最大的原因是 Google 採取開放原始碼的政策，甚至還提供完整的開發者工具（SDK）免費下載，如此的誘因吸引了無數的程式設計師投入，也讓許多硬體廠商轉而開發 Android 作業系統設備。

下圖為 Android 作業系統架構圖：

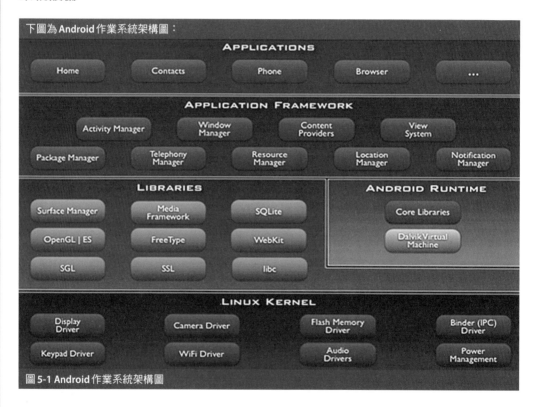

圖 5-1 Android 作業系統架構圖

基本上 Android 系統由上而下可以分成三種語言，JAVA、C++ 和 C。Android 利用這種架構巧妙的整合了 C 語言和 JAVA 的開放原始碼資源。架構分成應用程式層、應用程式框架層、函式庫層、執行層和核心層。

應用程式層：提供了 Android 已經開發好的核心應用程式，像是桌面、電話簿、電話、日曆、簡訊程式等，程式撰寫者所開發的其他程式也安裝在這一層中。

應用程式框架層：定義了應用程式開發標準介面，程式開發者在這層中撰寫機動程式和服務程式以構成應用程式，開發者所撰寫的JAVA應用程式並不是在Java虛擬機（JVM）上執行，Android提供了自創的Dalvik虛擬機來執行。

函式庫層：包含了C/C++程式語言的函式庫，Android系統上的元件皆是由這些函式庫組成，程式開發者必須用Android自己的API才能使用到這些功能。

執行層：提供了Android本身的Dalvik虛擬機，和JVM不同的是，當程式編譯成.class檔後還要再次編譯成.dex檔才能由Dalvik虛擬機所執行，而最後還要包裝成.apk檔成為可執行的檔案。

系統核心層：由 Linux 2.6 所構成，它扮演著程式和硬體間的溝通橋樑。

Android 應用程式是由下列四個部分構成：

機動程式 **(Activity)**：機動程式在Android程式架構中使用最廣泛，它通常會有一個對應的使用者介面，提供使用者與程式之間的互動。機動程式是單獨的個體，然而彼此之間卻又能互相聯繫，共同完成一份工作。舉例來說，一個藍牙通訊程式，它包含以下三個部分：建立藍牙資料串流的機動程式、搜尋遠端設備的機動程式、開啟藍牙設備的機動程式。以下為三者的關係圖：

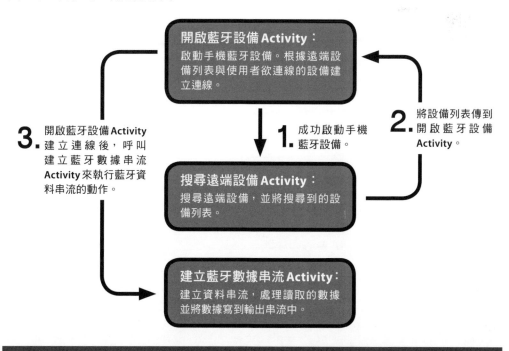

圖 5-2 藍牙通訊程式內機動程式的分工

OS

Android 程式設計基礎

　　服務程式 (Service)：服務程式通常在背景中執行，它不具有對應的使用介面。舉例來說，當使用者在聽取音樂的時候，可能需要跳到另一個機動程式來做選歌的動作，這時雖然機動程式換成另外一個，但播放歌曲的服務程式仍然在執行，因此使用者可以一邊聽著現在撥放的歌一邊搜尋下一首歌。

　　廣播接收程式 (Broadcast Receiver)：廣播接收程式並不是能聽取廣播，而是讓應用程式能接收 Android 手機系統發出的重要訊息。舉例來說當手機快沒電時、時區變更或是手機收到簡訊時 Android 作業系統會以廣播發出訊息，如果程式中有對該信息感「興趣者」便可以加以擷取並做對應的處理。它和服務程式一樣沒有對應的使用者介面。

　　資料內容提供 (Content Provider)：資料內容提供是個共享資料內容的機制，但請注意它並不是直接的資料來源，而是讓應用程式可以彼此存取檔案。

5-1. Activity 機動程式生命週期

ch5_HelloAndroid

　　機動程式、服務程式、廣播接收程式和資料內容提供中以 Activity 機動程式最為重要，在本書中只需要用到機動程式，關於其他類別請讀者參考其他 Android 程式設計書籍。

　　機動程式有它獨特的生命週期，每種生命週期會有它會被呼叫的方法，分別為 onCreate()、onStart()、onResume()、onPause()、onStop()、onDestroy() 和 onRestart()，Android 程式初學者必須要明確了解其正確使用方法。下圖為 Activity 生命週期流程圖，該圖有 5 個週期循環，以 1~5 號標示。前三種最為常見，分別是焦

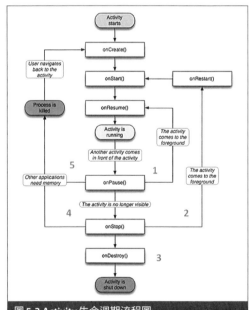

圖 5-3 Activity 生命週期流程圖

點生命週期（onPause→onResume→onPause）、可視生命週期（onStop→onRestart→…→onStop）與整體生命週期（onCreate→…→onDestroy）。

Activity生命週期到底怎麼運作的呢?何謂週期循環呢?俗話說:「坐而言不如起而行」讓我們直接寫一個程式來看看吧!別緊張,在經過本章一步一步的指導後,您一定會了解其中運作的流程的!

PART1

打開Eclipse開發環境,並依序點選在左上角 File→New→Android Project。(圖5-4)

PART2

這時會跑出New Android Project的視窗。Project name代表新建專案的名稱,也是往後程式資料儲存資料夾的名稱。Contents內有兩個選項,Create new project in workspace是指建立新的專案,Create project from existing source是指開啟舊檔。並點選Build Target欄位內的「Android 2.1-update1」SDK版本。本範例請直接點選「Create project from existing source」並在Browse中點選 ch5_HelloAndroid程式(圖5-5)。

PART3

將視窗往下拉,會看到Build Target欄位,可以看到Android 2.1-update1已經被點選,代表SDK開發包的版本,應用程式會以該版本所提供的函式庫來編譯。Application name代表應用程式的名稱。Package name是套件名稱,它就像個分類容器,可以區隔定義在套件下的物件名稱。Min SDK Version對應到Build Target內的API Level代碼。按下Finish後就可以開始編輯程式了(圖5-6)。

圖 5-4 新增 Android Project

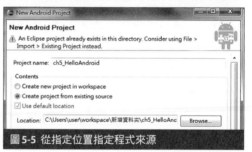

圖 5-5 從指定位置指定程式來源

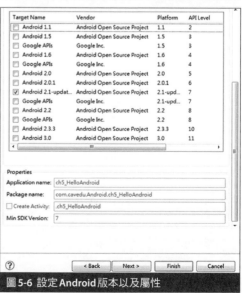

圖 5-6 設定 Android 版本以及屬性

PART4

在 Package Explorer 內可以看到生成的專
案名稱，點選左邊的黑色三角形會跑出
旗下的目錄，目錄包含 src、gen、asses
和 res 資料夾。src 是放置 JAVA 程式碼的
資料夾，像是 ch5_HelloAndroid 機動程
式。gen 是存放開發工具所自動產生的
檔案，裡面包含了 R.java 檔，該檔案賦
予 res 資料夾內資源的索引，在 src 內的
程式如果需要用到 res 資料夾內的資源
要透過 R.java 檔案內的索引。Assets 目錄
跟 res 一樣，提供開發者存放程式開發
資源之用，但存放在 assets 檔案內的資
源並不會被 ADT 給自動賦予索引到 R.java

圖 5-7 Android 程式架構

檔案內，而是程式開發者在程式碼中指定資源位置才行。res 檔存放 Android 程式所要
用到的資源，像是圖片、文字等。三個 drawable 檔案依序提供了高、中、低手機螢幕
解析度的應用程式圖片。layout 檔案定義了機動程式顯示畫面的 .xml 檔；values 裡則
有定義字串的 .xml 檔。AndroidManifest.xml 檔案內定義了許多程式的屬性，例如程式
權限、SDK 版本、應用程式專案名稱資料等（圖 5-7）。

PART5

打開點選 src 資料夾內的 ch5_HelloAndroid.java 程式，會看到內部的程式碼。第 1 行標示
出套件的目錄，第 3~5 行引入了應用程式框架層的 API 函式庫，第 7 行表示該程式繼承
了 Activity 類別。

```
001    package com.cavedu.Android.ch5_HelloAndroid;
002
003    import android.app.Activity;
004    import android.os.Bundle;
005    import android.util.Log;
006
007    public class ch5_HelloAndroid extends Activity {
```

PART6

機動程式包含了7種方法控制生命週期。架構如下：

```
007    public class Activity extends ApplicationContext {
       ……
010        protected void onCreate(Bundle savedInstanceState);
       ………//程式區塊
015        protected void onStart();
       ………//程式區塊
019     protected void onRestart();
       ………//程式區塊
023        protected void onResume();
       ………//程式區塊
027        protected void onPause();
       ………//程式區塊
031        protected void onStop();
       ………//程式區塊
035        protected void onDestroy();
       ………//程式區塊
038    }
```

PART7

當應用程式開始執行時，會呼叫 onCreate( ) 方法，裡面放置程式需要用到的靜態配置，例如初始化螢幕配置、使用者介面事件設置等。Super 表明使用父類別「Activity」，第11行表示使用父類別的 onCreate( ) 方法，並傳入 saveInstance 參數。saveInstance 是 Bundle 類別的實體化參數，Bundle 類別可以保存程式在暫停或是關閉前的資料狀態。當程式重新啟動，執行 onCreate( ) 方法時會從 Bundle 類別中得到之前執行程式時的資料。

```
009    @Override
010    public void onCreate(Bundle savedInstanceState) {
011        super.onCreate(savedInstanceState);
012        setContentView(R.layout.main);
```

PART8

第13行使用Log類別的「i」information方法,該方法可以傳入兩筆訊息,第一個傳入Tag為訊息代稱、第二個傳入"onCreate()"這個字串為訊息內容。只要使用DDMS(Dalvik debug monitor service)裡的Logcat功能就可以即時讀取到Log的夾帶訊息,以方便我們觀看機動程式的生命週期。

| 013 | `Log.i("Tag","onCreate()");` |

PART9

接著輸入onStart()、onResume()、onPause()、onStop()、onDestroy()和onRestart()方法,除了呼叫主程式執行該生命週期的父類別方法外,還要使用Log類別傳出訊息,依序輸入生命週期的名稱為Log訊息內容。

```
015    public void onStart(){
016      super.onStart();
017      Log.i("Tag","onStart()");
018    }
019    public void onRestart(){
020      super.onRestart();
021      Log.i("Tag","onRestart()");
022    }
023    public void onResume(){
024      super.onResume();
025      Log.i("Tag","onResume()");
026    }
027    public void onPause(){
028      super.onPause();
029      Log.i("Tag","onPause()");
030    }
031    public void onStop(){
032      super.onStop();
033      Log.i("Tag","onStop()");
034    }
035    public void onDestroy(){
036      super.onDestroy();
```

| 037 | Log.i("Tag","onDestroy()"); |
| 038 | } |

PART10

打開 android-sdk-windows → tools 選單，打開 ddms.bat 檔案。DDMS 可以執行 Logcat 以擷取 Log 訊息。點選 Eclipse 左上角的 Run 圖案以 Android 模擬器執行程式。DDMS 下方視窗會即時顯示 Log 訊息（圖 5-8）。

圖 5-8 由 DDMS 檢視 Log 訊息

PART11

點選左上角的綠色「＋」記號，會跑出 Log Filter 的視窗，使用者可以自訂要過濾的 Log 訊息。於 Filter Name 裡打上 Information、by Log Tag 欄位打上「Tag」為訊息代稱，我們可以用訊息代稱過濾訊息，其餘不必更改，之後點選 OK（圖 5-9）。

Log Filter	
Filter Name:	Information
by Log Tag:	Tag
by pid:	
by Log level:	<none>

OK Cancel

圖 5-9 進一步過濾訊息內容

PART12

這時顯示 Log 訊息的視窗會出現，在 ch5_HelloAndroid 程式執行時會看到 Log 所標記的生命週期。一開始程式會呼叫 onCreate() 方法來做初始化的動作，當 onCreate() 執行成功後會接著呼叫 onStart() 方法，執行成功後會呼叫 onResume() 方法執行程式（圖 5-10）。

Log (562)	Information			
Time		pid	tag	Message
04-09 13:40:1...	I	227	Tag	onCreat()
04-09 13:40:1...	I	227	Tag	onStart()
04-09 13:40:1...	I	227	Tag	onResume()

圖 5-10 Logcat 中的詳細資訊

PART13

點選模擬器的紅色電話鍵關閉顯示視窗，會看到生命週期由 onResume()→onPause() 並做等待螢幕再次開啟，開啟後會再跑到 onResume() 生命週期中，此為圖 5-3 的 1 號迴圈（圖 5-11）。

Log (11)	Information			
Time		pid	tag	Message
04-09 14:00:1...	I	227	Tag	onCreat()
04-09 14:00:1...	I	227	Tag	onStart()
04-09 14:00:1...	I	227	Tag	onResume()
04-09 14:00:1...	I	227	Tag	onPause()
04-09 14:00:2...	I	227	Tag	onResume()

圖 5-11 生命週期狀態改變情況

05

Android 程式設計基礎

PART14

點選綠色電話鍵。這時畫面會跑到撥打
電話的介面，代表系統執行撥打電話的
應用程式。這時ch5_HelloAndroid應用
程式的顯示畫面會被蓋過，生命週期由
onResume()→onPause()→onStop()（圖
5-12）。

Log (17)	Information			
Time		pid	tag	Message
04-09 14:00:1...	I	227	Tag	onCreat()
04-09 14:00:1...	I	227	Tag	onStart()
04-09 14:00:1...	I	227	Tag	onResume()
04-09 14:00:1...	I	227	Tag	onPause()
04-09 14:00:2...	I	227	Tag	onResume()
04-09 14:03:5...	I	227	Tag	onPause()
04-09 14:04:0...	I	227	Tag	onStop()

圖 **5-12** 跳到另一個程式，呼叫 **onStop( )**

PART15

點選返回鍵結束撥號應用程式並返回
ch5_HelloAndroid應用程式，可以看到
生命週期由onStop()→onRestart()→
onStart()→onResume()程式再次執行。
此為圖5-3的2號迴圈（圖5-13）。

Log (530)	Information			
Time		pid	tag	Message
04-09 14:14:3...	I	249	Tag	onCreat()
04-09 14:14:3...	I	249	Tag	onStart()
04-09 14:14:3...	I	249	Tag	onResume()
04-09 14:14:4...	I	249	Tag	onPause()
04-09 14:14:4...	I	249	Tag	onStop()
04-09 14:14:4...	I	249	Tag	onRestart()
04-09 14:14:4...	I	249	Tag	onStart()
04-09 14:14:4...	I	249	Tag	onResume()

圖 **5-13** 返回原程式，呼叫 **onResume( )**

PART16

點選返回鍵停止ch5_HelloAndroid
應用程式，會看到程式生命週期由
onResume()→onPause()→onStop()→
onDestroy()。應用程式執行onDestroy()
方法時，應用程式會結束。不過如果
手機記憶體不足的話，程式有可能
會跳過呼叫onPause()→onStop()→
onDestroy()方法就被系統強行關閉，請
參考圖5-3的生命週期3（圖5-14）。

Log (532)	Information			
Time		pid	tag	Message
04-09 14:14:3...	I	249	Tag	onCreat()
04-09 14:14:3...	I	249	Tag	onStart()
04-09 14:14:3...	I	249	Tag	onResume()
04-09 14:14:4...	I	249	Tag	onPause()
04-09 14:14:4...	I	249	Tag	onStop()
04-09 14:14:4...	I	249	Tag	onRestart()
04-09 14:14:4...	I	249	Tag	onStart()
04-09 14:14:4...	I	249	Tag	onResume()
04-09 14:20:1...	I	249	Tag	onPause()
04-09 14:20:1...	I	249	Tag	onStop()
04-09 14:20:1...	I	249	Tag	onDestroy()

圖 **5-14** 點選返回鍵，呼叫 **onDestroy( )**

5-2. 應用程式 Layout 畫面布局

　　先前提到每個Activity都有對應的使用者介面，而使用者介面是在.xml檔中定義的。 在Eclipse開發環境中打開ch5_HelloAndroid→res資料夾→layout資料夾→main.xml檔案，可以看到如下圖的程式碼。當中第2和第16行定義了顯示畫面為線性排列(LinearLayout)的父類別，因此被包含在該類別內的View物件，像是TextView、EditText等皆要使用LinearLayout父類別所定義的屬性。舉例來說，如果父類別為AbsoluteLayout，則旗下子類別View物件在畫面編排上就可以用到android:layout_x屬性來定義物X座標位置，如果使用LinearLayout為父類別則不能使用android:layout_x屬性，否則程式在編譯時會發生錯誤。程式第2~6行定義了LinearLayout的屬性，而第7~15行則是置入屬於該父類別的View物件，並個別定義個每個物件的屬性。

```
001    <?xml version="1.0" encoding="utf-8"?>
002    <LinearLayout xmlns:android="http://schemas.android.com/apk/res/android"
003        android:orientation="vertical"
004        android:layout_width="fill_parent"
005        android:layout_height="fill_parent"
006        >
007    <TextView
008        android:layout_width="fill_parent"
009        android:layout_height="wrap_content"
010        android:text="@string/hello"
011        />
012    <EditText
013        android:layout_width="fill_parent"
014        android:layout_height="wrap_content"
015        ></EditText>
016    </LinearLayout>
```

右圖為程式類別的關係樹狀圖。當中ViewGroup是各種佈局配置(layout)和視圖(view)元件的父類別，也就是上面程式碼第2行所定義的LinearLayout，當Layout繼承了父類別，它就擁有父類別的屬性（圖5-15）：

讀者可以用放在SDK開發包內的tool資料夾→hierarchyviewer.bat程式來觀看此時螢幕所顯示出來的Layout類別樹狀關係。右圖為ch5_HelloAndroid程式Layout畫面的樹狀關係圖。框框顯示了ch5_HelloAndroid應用程式所顯示的Layout。可以看到其實整個應用程式也是包含在LinearLayout這個類別下的。黃色框框則由main.xml內的程式碼所定義（圖5-16）。

右圖將這些關係還有框框對應到螢幕顯示畫面，LinearLayout類別定義了Layout的畫面格式，而EditText和TextView互動式介面則是依照LinearLayout的畫面格式來配置（圖5-17）。

表5-1為本書中會使用到的畫面配置和互動式元件，接下來將會以幾個簡單的範例來示範。

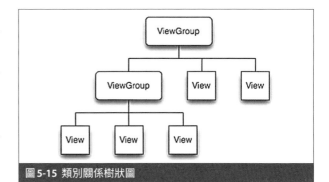

圖 5-15 類別關係樹狀圖

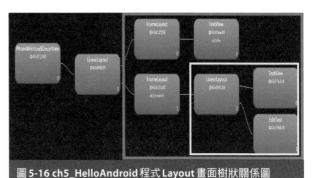

圖 5-16 ch5_HelloAndroid程式 Layout畫面樹狀關係圖

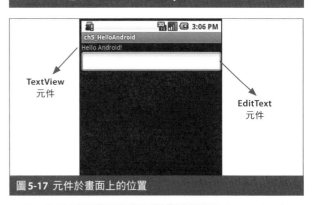

圖 5-17 元件於畫面上的位置

表5-1 本章範例所使用的互動式元件

ViewGroup	互動式元件	程式名稱
LinearLayout	TextView	ch5_LinearLayout
	Button	
AbsoluteLayout	EditText	ch5_AbsoluteLayout
	Spinner	

5-3. LinearLayout 程式的位置配置

ch5_LinearLayout

本範例在畫面配置一個TextView元件和兩個Button元件，其中一個Button為更改TextView的內容，另一個為更改TextView顏色。程式會把在main.xml檔案內的畫面配置預設成LinearLayout，並提供了一個TextView元件和內部的屬性設定。讀者只要在LinearLayout所定義的範圍內加入元件就可以了。

下面為ch5_LinearLayout的畫面配置。第4和第5行「fill_parent」表示LinearLayout的長和寬延伸到整個螢幕畫面，意即包含整個手機螢幕，如果是「wrap_content」則代表範圍只包含到內容。第7行宣告了TextView的互動式元件，第8~13行定義了該元件的屬性。TextView定義在LinearLayout的內部，在定義其元件屬性時就要遵守LinearLayout的規則。在LinearLayout畫面的內部元件是元件加入的順序來排列，第3行定義了排列方向為垂直。第11行使用「@」可以讀取存放在Strings.xml檔案內的資料，color是資料分類，red則為資料名稱。關於資料內容請讀者打開strings.xml檔案查看。第13行「@+id」可以設定該元件的id，並存放在R.java檔案內當作索引代稱，如果機動程式端要使用到該元件，就要先透過R.java檔內的id來找到該元件。

```
001  <?xml version="1.0" encoding="utf-8"?>
002  <LinearLayout xmlns:android="http://schemas.android.com/apk/res/android"
003      android:orientation="vertical"
004      android:layout_width="fill_parent"
005      android:layout_height="fill_parent"
006      >
007  <TextView
008      android:layout_width="fill_parent"
009      android:layout_height="wrap_content"
010      android:textSize="25sp"
011      android:textColor="@color/red"
012      android:text="@string/hello"
013      android:id="@+id/tv_hint"
014      />
015  <Button
```

016	android:layout_width="fill_parent"
017	android:layout_height="wrap_content"
018	android:textSize="22sp"
019	android:textStyle="bold"
020	android:text="Change Word"
021	android:id="@+id/btn_changeWord"
022	/>
023	<Button
024	android:layout_width="wrap_content"
025	android:layout_height="wrap_content"
026	android:textSize="22sp"
027	android:textStyle="bold"
028	android:text="Change Color"
029	android:id="@+id/btn_changeColor"
030	></Button>
031	</LinearLayout>

圖5-18為手機上Layout畫面：

圖 5-18 程式執行畫面

接下來將一步步介紹如何實作機動程式：

PART1：宣告互動式元件物件

第13~15行宣告互動式元件的物件。

012	//宣告互動式元件
013	TextView tv_hint;
014	Button btn_changeWord;
015	Button btn_changeColor;

PART2：找到互動式元件物件

　　每一個互動式元件都代表一個類別，要使用該類別就必須從R.java檔案內的索引找到該物件。使用findViewById可以利用R.java檔案內的id索引找到該物件，但卻會回傳View類別的物件，View是TextView的父類別，而TextView又是Button的父類別，由於使用父類別來轉換成子類別，因此前端要加上強制轉換的程式碼。

```
012      //依據id找到在Layout上面的互動式元件物件
013      tv_hint = (TextView)findViewById(R.id.tv_hint);
014      btn_changeWord = (Button)findViewById(R.id.btn_changeWord);
015      btn_changeColor = (Button)findViewById(R.id.btn_changeColor);
```

PART3：註冊按鈕點擊事件

使用 Button 類別的 setOnClickListener 方法就可以註冊按鈕點擊事件。該方法必須要傳入 View 類別的 OnClickListener 物件。第 30~39 行是較精簡的寫法，直接覆寫 OnClickListener 物件的 onClick() 方法。因此當按鈕被點擊的時候，系統會呼叫 onClick() 方法，並執行第 34~38 行的方法內容。第 35 行使用 TextView 類別的 setText() 方法來更改 TextView 的顯示文字，setText() 是一種多形方法，本範例是傳入定義在 strings.xml 檔案內的字串參數索引碼，這樣一來該方法便會根據該索引碼找到字串的變數內容。

```
028      //註冊按鈕點擊事件
029         btn_changeWord.setOnClickListener( new Button.OnClickListener(){
030            @Override
031            public void onClick(View v) {
032               // TODO Auto-generated method stub
033               //更改TextView內容
034               if((count%2)==0)
035                  tv_hint.setText(R.string.word_1);
036               else if((count%2)==1)
037                  tv_hint.setText(R.string.word_2);
038               count = count>2?0:count+1;
039            }
040         });
```

PART4：註冊按鈕點擊事件

同樣的步驟實作另一個按鈕的監聽事件，第 49、52 和 54 行用不同的寫法來更改 TextView 文字顏色。setTextColor() 方法要傳入顏色的整數代碼，舉例來說黑色為「-16777216」紅色為「-65536」，顏色數值代碼都定義在 Color 類別中，第 52 行便是直接使用這些常數。第 48 行是提取使用者定義和儲存在 strings.xml 的顏色代碼，該代碼是 16 進位制編寫，並在第 49 行用 parseColor() 方法將字串的顏色代碼轉變為整

數的顏色代碼,再傳到setTextColor()方法中。第54行是使用到rgb()方法來調整紅綠藍
顏色的比重,傳入rgb()方法的參數依序為紅、綠、藍,最大100,最小為0,當紅綠藍
的參數傳入rgb()方法內rgb()方法便會傳回顏色的整數值參數給setTextColor()方法。

```
041        //註冊按鈕點擊事件
042        btn_changeColor.setOnClickListener(new Button.OnClickListener(){
043            @Override
044            public void onClick(View v) {
045                // TODO Auto-generated method stub
046                //更改TextView顏色
047                if((count2%3)==0){
048                    yellowColor = getResources().getString(R.color.yellow);
049                    tv_hint.setTextColor(Color.parseColor(yellowColor));
050                }
051                else if((count2%3)==1)
052                    tv_hint.setTextColor(Color.GRAY);
053                else if((count2%3)==2)
054                    tv_hint.setTextColor(Color.rgb(0,100,1));
055                count2 = count2>2?0:count2+1;
056            }
057        });
```

至此便可以執行程式,程式執行結果如下圖:

圖 5-20a 按下 Change Word 按鈕

圖 5-20b 按下 Change Color 按鈕

5-4. AbsoluteLayout 程式範例

ch5_AbsoluetLayout

設定 AbsoluteLayout 為畫面配置的時候，必須要定義所屬的互動式元件 X 和 Y 座標作為位置屬性，如果忘了定義座標，會發現元件都會重疊在原點處。至於 AbsoluteLayout 的座標系如右圖所示，X 軸和 Y 軸最大值都取決於手機螢幕尺寸，不同螢幕會有不同的最大值（圖 5-21）。

圖 5-21 手機畫面上的座標系統

下面為 ch5_AbsoluteLayout 的畫面布局。本範例會使用到 EditText、TextView 和 SeekBar 互動式元件。使用者可以在 EditText 的框框內輸入數字，數字會以 TextView 和 SeekBar 的方式呈現，使用者也可以用手拉 SeekBar 來調整數值。

程式碼中可以看到每個元件都會設定 X、Y 軸的座標位置，單位為 dip。第 36 行設定了 SeekBar 的最大值。

```
001  <?xml version="1.0" encoding="utf-8"?>
002  <AbsoluteLayout xmlns:android="http://schemas.android.com/apk/res/android"
003      android:orientation="vertical"
004      android:layout_width="fill_parent"
005      android:layout_height="fill_parent"
006      >
007  <TextView
008      android:layout_width="fill_parent"
009      android:layout_height="wrap_content"
010      android:textSize="25sp"
011      android:id="@+id/tv"
012      android:layout_x="0dip"
013       android:layout_y="0dip"
014      android:text="Enter 0~100 value"
015      ></TextView>
016  <EditText
017      android:layout_height="wrap_content"
018      android:layout_width="fill_parent"
019      android:id="@+id/edt"
```

020	android:text=""
021	android:layout_x="0dip"
022	android:layout_y="35dip"
023	></EditText>
024	<Button
025	android:layout_height="wrap_content"
026	android:id="@+id/btn_Enter"
027	android:layout_width="fill_parent"
028	android:text="Enter"
029	android:layout_x="0dip"
030	android:layout_y="86dip"
031	></Button>
032	<SeekBar
033	android:layout_height="wrap_content"
034	android:id="@+id/sb"
035	android:layout_width="fill_parent"
036	android:max = "100"
037	android:layout_x="0dip"
038	android:layout_y="133dip"
039	></SeekBar>
040	</AbsoluteLayout>

圖 5-22 為手機的畫面配置。接著為您介紹如何實
做機動程式，程式概念跟上一個範列相同，關於
宣告互動式元件物件和實體化互動式元件類別的
步驟請參考 5-3 的 PART1 和 PART2。

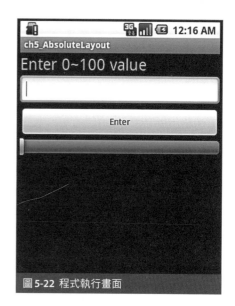

圖 5-22 程式執行畫面

PART1：註冊按鈕事件與事件處理

當按下按鈕後，會將 EditText 欄位內的資料顯示在 TextView 上，第 34 行用 getText() 方法取得在 EditText 欄位內的資料，並用 toString() 方法將資料轉換成字串以便往後處理。第 36 行用 Integer 類別的 parseInt() 方法將取得的字串資料轉換成整數資料，請注意如果字串資料「本身」並不是整數數值（例如在 EditText 欄位內輸入「ABC」而不是「12」）則 parseInt() 方法會產生例外造成系統強制關閉，因此在 parseInt() 方法前後要以 try⋯catch 來攔取例外事件以免程式強制關閉。第 38 行用 setProgress() 方法設定 SeekBar 的拉條位置，因為 SeekBar 的最大範圍為 100，所以傳入的數值要做取捨，如果大於 100 則輸出 100。第 39 行用 setText() 方法設定 TextView 的文字顯示。

```
029    //按鈕事件，按下後會將輸入數值顯示在TextView和SeelBar上
030    button_Enter.setOnClickListener(new Button.OnClickListener(){
031        @Override
032        public void onClick(View v) {
033            // TODO Auto-generated method stub
034            progress = editText.getText().toString();
035            try{
036                value = Integer.parseInt(progress);
037            }catch(Exception e){}
038            seekBar.setProgress(value>100?100:value);
039            textView.setText("The input is:" + progress);
040        }
041    });
```

PART2：註冊 SeekBar 狀態監聽事件

要使用 SeekBar 的話必須先以 setOnSeekBarChangeListener() 方法註冊監聽事件。該方法要傳入 OnSeekBarChangeListener() 物件，此為較精簡的寫法，在實體化物件的同時覆寫物件內的方法。onSeekBarChangeListener() 類別有三種方法，分別為 onStartTrackingTouch()、onStopTrackingTouch() 和 onProgressChanged()，onStartTrackingTouch() 是指按下拉條並移動的瞬間呼叫；onStopTrackingTouch() 是指拉條拉動後停止並放開的瞬間呼叫，onProgressChanged() 則是當 SeekBar 的拉條位置改變時呼叫。第 48 行當拉動 SeekBar 並放開後會將 SeekBar 被拖拉到的位置進度顯示在 TextView 上，使用 getProgress() 方法可以取得 SeekBar 目前的進度數值。

```
042    //seekBar狀態監聽事件
043    seekBar.setOnSeekBarChangeListener(new SeekBar.OnSeekBarChangeListener(){
044            @Override
045            //當SeekBar被拉動停止時
046            public void onStopTrackingTouch(SeekBar seekBar) {
047                // TODO Auto-generated method stub
048                textView.setText("The value is:" + seekBar.getProgress());
049            }
050            @Override
051            public void onStartTrackingTouch(SeekBar seekBar) {
052                // TODO Auto-generated method stub
053                }
054            @Override
055            public void onProgressChanged(SeekBar seekBar, int progress,
056                    boolean fromUser) {
057                // TODO Auto-generated method stub
058            }
059        });
```

可以執行程式了，程式執行結果如右圖，在
EditText 欄位內輸入 56，會以 TextView 和 SeekBar
來呈現。也可以拉動 SeekBar 來改變 TextView 數
值，如圖 5-23 所示。

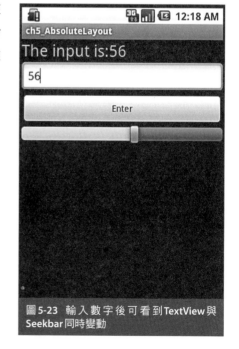

圖 5-23 輸入數字後可看到 **TextView** 與
Seekbar 同時變動

5-5. 總結

　　各種不同的使用者介面呈現了不同的操作方式，如果介面設計良好，則使用者便能容易地和手機溝通，更影響到往後與機器人的互動。Android系統提供了強大的介面元件，除了本章所介紹到的LinearLayout和AbsoluteLayout外，還有RelativeLayout、FrameLayout和TableLayout的畫面布局類別。另一方面Android還提供了CheckBox、ProgressBar、RatingBar、RadioButton等互動元件，可說是非常豐富。

　　請注意由於本書主軸是使用Android裝置來控制樂高NXT機器人，主要使用的元件為文字輸入/輸出、按鈕、狀態列以及最重要的觸碰事件，因此無法介紹所有的Android件，請各位讀者另行參考其他的Android程式設計書籍。

CHAPTER
{ 06 }
Android和NXT

Android 和 NXT

溝通是建立關係的基礎，這點應用在機器人上再貼切不過。**Android** 和 **NXT** 機器人之間也可透過互傳資料進行溝通。舉例來說，當 **Android** 控制面板上的按鈕被觸發後，它會傳出資料給 **NXT**，當 **NXT** 得到該筆資料後就執行特定的任務。這樣的關係中 **Android** 手機扮演著控制者的角色，而 **NXT** 機器人則是執行者的角色。抑或 **NXT** 機器人利用感應器偵測環境中的各種變化，並將數據回傳給 **Android** 手機，**Android** 手機可持續接收資料並顯示於手機畫面上，如此一來機器人便扮演著感知者的角色；**Android** 手機則是接收呈現者的角色。不管是哪種例子，只要手機和機器人間能建立有意義的通訊，兩者的關係也隨之建立。活用兩者的關係，我們便可以將創意無限地延伸。

6-1. 藍牙

藍牙是一種低成本、低功耗的無線傳輸技術標準，一開始是希望能為電子裝置間一種標準的通訊協定，目的是解決電子裝置間的相容性問題，現在已成為非常普遍的無線傳輸辦法；不管是在手持式電子裝置上、個人電腦上都可以看到它的蹤影。leJOS 支援 NXT 主機內建的藍牙晶片，Android 則是從 2.0 以後的版本中完整支援了藍牙。關於 NXT 主機的藍牙連線方法則分為直接控制指令和配對通訊，前者只需要通訊兩端配對後（NXT 主機端不需要執行任何程式）即可讓 NXT 接受指令，雖然方便但因為 NXT 端少了確認機制而有資料遺失的風險；配對通訊顧名思義就是在 Android 端和 NXT 端執行藍牙傳輸程式、當雙方配對成功後建立起資料串流管道，雖然不如直接控制指令來的方便，卻可以利用回饋傳輸的方式達到資料的準確性，在程式撰寫上也較為直覺易懂。本章中我們將會學習到如何建立 Android 和 NXT 機器人之間的配對通訊，關於直接控制指令會在第 12 章 <TouchPad control 直接控制 > 專題中詳細探討。

6-1-1 配對通訊

配對通訊存在著服務端（Server）和用戶端（Client）的概念，用戶端負責發起通訊指令、尋找遠端裝置並建立串流，服務端則是等待連線直到開啟串流。因為Android應用程式是利用Dalvik虛擬機執行Java程式語言所建立的，所以只要是有安裝JVM虛擬機的平台（NXT機器人、PC抑或Android手機本身）都能用Java I/O的觀念建立通訊串流。本書中皆會以Android手機作為客戶端和NXT主機配對。

6-2. 藍牙連線

<EX6-1> Bluetooth_1

本章第一個範例要告訴您如何透過Android手機發起一個對樂高NXT機器人的連線要求。我們將NXT視為被動接收訊息的Server端，Android則是主動傳送訊息的Client端。將Android手機做為Client端時，對NXT發起藍牙連線流程如下圖：

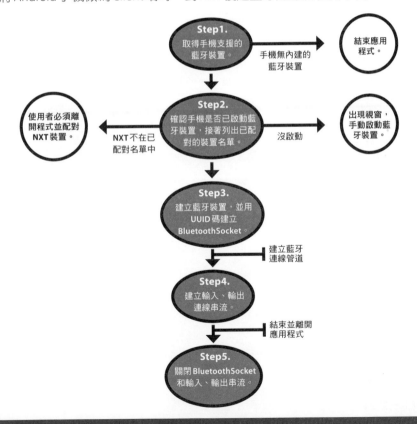

圖6-1 藍牙連線流程圖

圖6-1是較為嚴謹的流程，它包含了多個確認機制（圖6-1中的水平箭頭）。如果不加入這些確認機制的話，系統一樣能成功執行連線。然而這些確認機制能妥善處理執行過程中可能發生的例外，避免程式當機或者無預期結束。接下來我們將會分成Android端和NXT端為您解釋藍牙連線程式碼。

6-2-1 Layout畫面布局

手機的畫面請參考下圖。當使用者按下Paired Devices按鈕後，按鈕會消失並將已配對設備名單列在中央的清單上，使用者只要點選清單中的設備便能建立連線。請注意因為要建立列表元件ListView必須先建立Adapter（本章中使用其子類別ArrayDapter）來取得欲顯示的資料，而Adapter物件又必須要定義其XML布局檔案的ID，因此我們必須在layout檔案內新增一個布局範例檔，本章中的布局範例檔名稱為list_layout.xml，在R資源檔中則會自動建立起list_layout的Layout ID（圖6-2）。

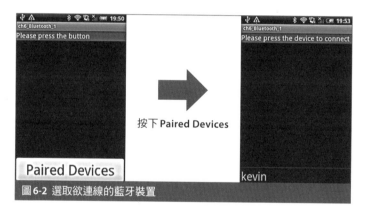

按下 **Paired Devices**

圖 6-2 選取欲連線的藍牙裝置

<main.xml>

001	`<?xml version="1.0" encoding="utf-8"?>`
002	`<LinearLayout xmlns:android="http://schemas.android.com/apk/res/android"`
003	`android:orientation="vertical"`
004	`android:layout_width="fill_parent"`
005	`android:layout_height="fill_parent"`
006	`>`
007	`<TextView`
008	`android:layout_width="fill_parent"`

```
009      android:layout_height="wrap_content"
010      android:text="@string/condition"
011      android:textSize="20sp"
012      android:background="#666"
013      android:textColor="#fff"
014      android:id="@+id/tv_condition"
015      />
016    <ListView android:id="@+id/paired_devices"
017        android:layout_width="fill_parent"
018        android:layout_height="wrap_content"
019        android:stackFromBottom="true"
020        android:layout_weight="1"
021      />
022    <Button
023      android:layout_width="fill_parent"
024      android:layout_height="wrap_content"
025      android:text="Paired Devices"
026      android:textSize="40sp"
027      android:id="@+id/btn_scan"
028      ></Button>
029    </LinearLayout>
```

下面為list_layout.xml布局範例檔，可以看到該範例檔只是純粹的TextView標籤，代表該布局只顯示簡單的文字項目。

<list_layout.xml>

```
001    <?xml version="1.0" encoding="utf-8"?>
002    <TextView
003      xmlns:android="http://schemas.android.com/apk/res/android"
004      android:layout_width="fill_parent"
005      android:layout_height="wrap_content"
006      android:textSize="32sp"
007      android:padding="3sp"
008      ></TextView>
```

6-2-2 Activity 機動程式

STEP1：初始化 Layout 畫面物件

程式一開始會顯示一個搜尋用的按鈕，按下後就會將已配對的設備以清單方式列出，使用者只須點擊就能連線。第40行建立 ArrayAdapter 物件，需要另外定義該物件的 Layout 畫面（以 TextView 呈現），第42行將 ArrayAdapter 物件以參數方式傳入清單中，目的是將已配對設備的資料以清單的方式呈現，第43行是建立清單點擊事件。

```
035   public void onCreate(Bundle savedInstanceState) {
036      super.onCreate(savedInstanceState);
037      setContentView(R.layout.main);
038      setTitle("ch6_Bluetooth_1");
039
040      conditionArrayAdapter = new ArrayAdapter<String>(this, R.layout.list_layout);
041      ListView conditionListView = (ListView) findViewById(R.id.paired_devices);
042      conditionListView.setAdapter(conditionArrayAdapter);
043      conditionListView.setOnItemClickListener(mDeviceClickListener);
044
045      tv_condition = (TextView)findViewById(R.id.tv_condition);
046      btn_scanMode = (Button)findViewById(R.id.btn_scan);
047      //與遠端設備連線的按鈕事件處理
048      btn_scanMode.setOnClickListener(new Button.OnClickListener(){
049
050          @Override
051          public void onClick(View arg0) {
052              // TODO Auto-generated method stub
053              tv_condition.setText("Please press the device to connect");
054              GetPairedDevices();
055              //按下搜尋按鈕後就不能再按
056              arg0.setVisibility(View.GONE);
057          }
058
059      });
```

STEP2：初始化藍牙設備

為了能取得手機端的藍牙裝置，我們必須要實作藍牙轉接器 BluetoothAdapter 類別，實體化的 BluetoothAdapter 表示本地設備的藍牙轉接器，可以執行啟動設備搜索、查詢配對、實體化 BluetoothDevice 等基本任務。第 62 行使用 getDefaultAdapter() 方法可以回傳一個手機的內建藍牙轉接器，如果沒有則回傳 null。使用 isEnabled() 方法可以回傳藍牙狀態，藍牙已經啟動回傳 true，反之為 false。如果藍牙還沒啟動，用 StartActivityForResult() 方法來讓系統啟動藍牙裝置，在執行前系統會顯示視窗讓使用者手動確認。程式第 71 行用 public Intent(String action) 來建構 Intent 物件，建構的 Intent 物件稱為隱式物件，和一般的顯示 Intent 有所不同，必須傳入的參數類型為 String 且預設型態為 BluetoothAdapter.ACTION_REQUEST_ENABLE。最後在 StartActivityForResult() 方法中傳入 Intent 物件和 REQUEST_ENABLE_BT 值整數參數（第 72 行）。

```
062        BTAdapter = BluetoothAdapter.getDefaultAdapter();
063        //如果沒有藍牙裝置
064        if (BTAdapter == null) {
065            Toast.makeText(this, "No Bluetooth Device", Toast.LENGTH_SHORT).show();
066            finish();
067            return;
068        }
069        //如果藍牙裝置未開啟，系統會顯示視窗以手動方式開啟
070        if (!BTAdapter.isEnabled()) {
071            Intent enableIntent = new Intent(BluetoothAdapter.
     ACTION_REQUEST_ENABLE);
072            startActivityForResult(enableIntent, REQUEST_ENABLE_BT);
073            // 執行到 startActivityForResult 方法時系統會跑出視窗來詢問是否啟動藍牙
074        }
075    //OnCreate()結束
076    }
```

STEP3：系統確認並啟動藍牙

在 STEP2 中以手動方式確認開啟藍牙，如果系統啟動藍牙成功，則會在 onActivityForResult() 裡回傳 RESULT_OK 的 resultCode 參數，如果不成功則回傳 RESULT_CANCELED 的 resultCode 參數。STEP2 中的 REQUEST_ENABLE_BT 參數是確認參數，當使用者按下確認開啟藍牙按鈕時，這個參數將會回傳到 onActivityForResult() 方法中。

116	public void onActivityResult(int requestCode, int resultCode, Intent data) {
117	switch (requestCode) {
118	case REQUEST_ENABLE_BT:
119	if (resultCode == Activity.RESULT_OK) {
120	GetPairedDevices();//取得已配對裝置
121	//手動啟動藍牙後位於main.xml畫面上的按鈕會消失
122	findViewById(R.id.btn_scan).setVisibility(View.GONE);
123	} else {
124	// 無法開啟藍牙裝置
125	Toast.makeText(this,"Disable to open Bluetooth device", Toast.LENGTH_SHORT).show();
126	finish();
127	}
128	}
129	}

STEP4：取得已配對設備的方法

第 90 行中 GetPairedDevices() 方法可以搜尋已配對的藍牙裝置並將其裝置名稱傳入清單中。第 92 行中 getBondedDevices() 方法可以取得遠端已配對的藍牙裝置。第 100 行則是將「沒搜尋到藍牙裝置」的字串加到清單中。

090	public void GetPairedDevices(){
091	//取得已配對的遠端藍牙裝置
092	pairedDevices = BTAdapter.getBondedDevices();
093	if (pairedDevices.size() > 0) {
094	for (BluetoothDevice device : pairedDevices) {
095	//如果有已配對好的裝置，則放入清單中供選取
096	conditionArrayAdapter.add(device.getName());
097	}
098	}else {
099	//狀態顯示沒有配對的裝置，並加入清單中
100	String noDevices = getResources().getText(R.string.no_paired_devices).toString();
101	conditionArrayAdapter.add(noDevices);
102	}
103	}

當清單上的裝置名單被按下後會觸發此事件。第82行取得清單中的名稱並與該裝置名稱做比較，如果相同則確認該裝置為欲建立藍牙連線的裝置。

```
077    private OnItemClickListener mDeviceClickListener = new OnItemClickListener() {
078        public void onItemClick(AdapterView<?> av, View v, int arg2, long arg3) {
079            // 確認清單上的裝置名稱與該裝置的名稱相同
080            for (BluetoothDevice btdevice : pairedDevices) {
081                //如果有已配對好的裝置，則放入清單中供選取
082                if(btdevice.getName().equals(((TextView) v).getText().toString())){
083                    BTDevice = btdevice;
084                }
085            }
086            CreatConnection(BTDevice);
087        }
088    };
```

STEP6：建立藍牙連線方法

當我們找到遠端藍牙裝置(BluetoothDevice)時，可以建立一個 BluetoothSocket 來初始化和管理藍牙連線。建立 BluetoothSocket 的方法是 createRfcommSocketToServiceRecord()，並傳入服務端的 UUID 碼，NXT 主機的 UUID 碼皆為 00001101-0000-1000-8000-00805 f9b34fb。使用 connect() 方法便可以和目標裝置連線。第109行則是實體化輸出串流，目前並沒有使用相關功能。

```
105    public void CreatConnection(BluetoothDevice BTD){
106        try {
107            BTSocket = BTD.createRfcommSocketToServiceRecord(UUID.
        fromString("00001101-0000-1000-8000-00805f9b34fb"));
108            BTSocket.connect();
109            DATAOu = new DataOutputStream(BTSocket.getOutputStream());
110        } catch (IOException e) {
111            // TODO Auto-generated catch block
112            e.printStackTrace();
113        }
114    }
```

6-2-3 NXT 端程式

ch6_NXT_1.java

NXT 機器人為服務端 (Server)，開啟連線的方法為先等待連線，直到用戶端 (Clinet) 與其連線才建立串流。以下將為您解釋程式碼：

STEP1：載入相關類別

第 2~3 行我們我們載入了 lejos.nxt.comm 類別來處理通訊；java.io 類別是用來處理串流。

```
001    import lejos.nxt.*;
002    import lejos.nxt.comm.*;
003    import java.io.*;
```

STEP2：等待用戶端連線

服務端一開始先等待客戶端發起連線要求，並設定連線方式為藍牙。使用 waitForConnection(int timeout, int mode) 方法可以建立與客服端的連線，但必須傳入兩個參數，time 為等待時間 (ms)，如果設 0 則程式會在此一直等待客戶端連線，一旦連線成功才會繼續往下執行。mode 為連線模式，可以傳入 NXTConnection.RAW、LCP 和 PACKET 三種參數。

```
013    BTConnection btc = Bluetooth. waitForConnection(0, NXTConnection.RAW);
```

STEP3：建立連線串流

當連線成功後 NXT 主機會發出嗶聲並顯示「Connect success!」字樣，在第 18 行建立輸入串流，該輸入串流現在還沒有功用，但在之後我們就會使用它來傳遞資訊。第 17 行的無限迴圈讓程式不會停止，但按下 NXT 的灰色取消按鈕後仍會強迫跳出程式。

```
014    Sound.beep();
015    System.out.println("Connect success!");
016    DataInputStream dis = btc.openDataInputStream();
017    while(true){}
```

終於完成了！請將手機端程式透過 Eclipse 安裝到您的手機，並在 cmd 下對機器人端程式（ch6_NXT.java）進行編譯後安裝到 NXT 主機上，如以下步驟：

```
C:\>nxjc ch6_NXT_1.java
C:\>nxj ch6_NXT_1
```

執行程式時請先執行NXT端的程式，讓它等候手機對它發起連線要求。當NXT顯示waiting時才按下清單上的NXT設備名稱，就可以建立連線。如果手機程式清單上沒有該NXT的名稱，則代表該NXT還未跟手機配對，請到手機「menu→無線與網路→藍牙設定→掃描裝置」中建立配對（圖6-3）。

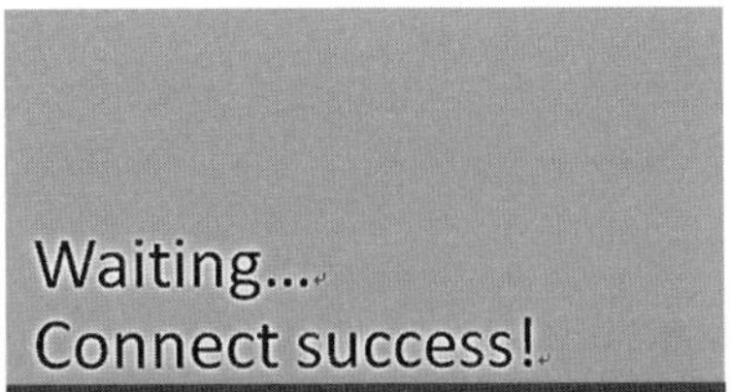

Waiting....
Connect success!

圖6-3 連線後NXT會出現「Connect success!」字樣，代表連線串流建立

6-3. 藍牙資料傳輸：Android傳字串給NXT

<EX6-2> Bluetooth_2

前一段中我們建立了Android手機與NXT機器人間的連線，並開啟了資料串流。本段中我們更進一步改寫程式，讓使用者在Android端輸入一串文字，並透過藍牙連線將這些文字傳到NXT主機後顯示出來。由於Android端負責傳出資料，因此需要用到DataOutputStream建立輸出串流物件、而NXT只負責接收資料，所以需用DataInputStream建立輸入串流物件。

6-3-1 Layout 畫面布局

在layout資料夾下新增一個xml畫面範例檔，目的是作為輸入訊息的頁面。當使用者按下清單上面的遠端藍牙設備後，一旦手機與NXT成功建立連線便會跳出右圖畫面（圖6-4）。

ch6_Bluetooth_2
Please enter the message

Send the message

圖6-4 連線建立成功後畫面會跑出來

<send_message.xml>

```
001  <?xml version="1.0" encoding="utf-8"?>
002  <LinearLayout
003      xmlns:android="http://schemas.android.com/apk/res/android"
004      android:layout_width="wrap_content"
005      android:layout_height="wrap_content"
```

006	android:orientation="vertical">
007	\<TextView
008	android:layout_width="fill_parent"
009	android:layout_height="wrap_content"
010	android:id="@+id/tv_message"
011	android:text="@string/message"
012	android:textSize="20sp"
013	android:background="#666"
014	android:textColor="#fff"
015	>\</TextView>
016	\<EditText
017	android:layout_width="fill_parent"
018	android:layout_height="wrap_content"
019	android:id="@+id/edt_message"
020	>\</EditText>
021	\<Button
022	android:layout_width="fill_parent"
023	android:layout_height="wrap_content"
024	android:text="@string/sendMessage"
025	android:id="@+id/btn_send"
026	android:textSize="32sp"
027	>\</Button>
028	\</LinearLayout>

6-3-2 Activity 機動程式

機動程式架構沿用6-2-2節，本章中將開始使用到DataInputStream類別內的方法，常用的方法有write()、flush()和close()等。

STEP1：新增方法函式-1

新增傳出資料方法。第124行執行後會讓手機畫面跳到傳送文字的畫面，該畫面布局範例檔ID為 send_message。第126行為該畫面佈局上的按鈕物件，只有當畫面顯示時才能作用，所以要寫在 setContentView()方法後面才行。第133行會將輸入文字方塊內的文字存到 WORD 字串中，接著以135行的 CommandNXT()方法傳送出去。

```
121    //傳出資料的方法
122    public void ConnectLayout( ) {
123        //畫面跳到顯示輸入方塊畫面
124        setContentView(R.layout.send_message);
125        edt_message = (EditText)findViewById(R.id.edt_message);
126        btn_sent = (Button)findViewById(R.id.btn_send);
127        btn_sent.setOnClickListener(new Button.OnClickListener( ){

129            @Override
130            public void onClick(View arg0) {
131                // TODO Auto-generated method stub
132                //點擊按鈕後送出文字訊息
133                WORD = edt_message.getText( ).toString();
134                try {
135                    CommandNXT(WORD);
136                } catch (IOException e) {
137                    // TODO Auto-generated catch block
138                    e.printStackTrace();
139                }
140            }
141        });
142    }
```

新增送出文字訊息方法，程式第144行會將文字方塊上的文字傳入此方法，只要用 writeChars( )便能將文字資料由手機送出，要注意的是每當資料傳出後就必須要呼叫 flush( )方法清除緩衝區的資料，不然當下一筆文字訊息要進入緩衝區時就可能會發生 資料溢位的問題。第146行中writeChars(String string)方法會將傳入的string參數分割 成一個個字元傳出。

```
143    //送出文字訊息的方法
144    public void CommandNXT(String word) throws IOException{
145        //用write方法寫出內存注意每個資料最後都要加換行字元
146        DATAOu.writeChars(word+"\n");
147        //flush方法會清除內存
148        DATAOu.flush();
149    }
```

STEP3：使用方法函式

在第115行呼叫本方法。

```
115    ConnectLayout();
```

第167~174行主要是關閉BluetoothSocket和輸出串流，但在呼叫這方法前必須要檢驗BluetoothSocket是否仍存在，如果BluetoothSocket不存在卻呼叫這方法會讓程式在OnDestroy()的生命週期中發生系統例外。

```
166    //關閉BluetoothSocket和輸出串流
167        if(BTSocket!=null){
168           try {
169               DATAOu.close();
170               BTSocket.close();
171           } catch (IOException e) {
172               // TODO Auto-generated catch block
173               e.printStackTrace();
174           }
```

6-3-3 NXT 端程式

ch6_NXT_2.java

NXT端在接收到字元資料後，必須以適合我們觀看的版面編排方式顯示在顯示器上，且不同的訊息也會以換行的方式排列區隔。程式碼請參考 ch6_NXT_2.java，以下為程式碼重點部分並為您解釋。

STEP1：使用方法函式

第21行讀取字串資料，請注意Android端會將字串分割成字元一個個傳到NXT主機內，因此第25行才會用並排顯示來處理，當NXT讀取到 "\n" 字元時便會自動換行。另外，因為I/O處理會有例外事件發生（比如說連線到一半時突然按下Android手機的返回鍵，如果第23行未進行例外處理則NXT會發出蜂鳴聲並顯示錯誤資訊，必須拔出電池才能再開機）因此第23行規定當發生例外時系統跳到主選單中，以便重新使用。

```
019    while(true){
020            try{
021                command = dis.readChar();
```

```
022        }catch(IOException e){
023            System.exit(1);
024        }
025        System.out.print(command);
026    }//while
```

完成後請比照6-2-3節的方式來編譯並執行NXT端程式。當手機與NXT成功建立藍牙連線後，NXT就可收到從手機傳來的字串並顯示在其螢幕上，如圖6-5所示：

Hello Robot！

圖6-5 在NXT螢幕上顯示字串

6-4. 藍牙資料傳輸──NXT 到 Android

<EX6-3> Bluetooth_3

上一節中我們學會了如何由手機發送資料給NXT並顯示在其螢幕上，本節要接續介紹如何將NXT主機的資訊回傳給手機。在本範例中NXT機器人裝有一個光感應器，機器人會把感應器值以藍牙通訊的方式傳回手機，我們便能遠端監控機器人對於周遭的各種狀態（圖6-6）。

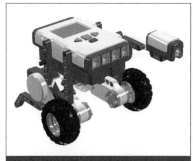

圖6-6 在NXT機器人上裝上朝前的光感應器

　由先前說明可以了解，在Android端必須要不斷地讀取由NXT端傳出的數值，但這並不代表Android端只要建立完輸入串流後就沒事了。對Android端來說，它必須要告訴機器人何時開始讀值和何時結束，並得時時下指令去驅使機器人做「讀取感應器值並傳出」的動作，因此Android端必須建立輸出、輸入兩種串流才行。輸入串流建立完成後還要不斷呼叫readX( )方法（X為int、byte、char等）來讀取NXT傳出的資料。為了讓該方法不斷被呼叫，會建立一個迴圈來包覆該方法，但在機動程式的主執行緒中（Main thread又稱UI thread）建立這種「會阻塞」的方法是不行的，原因在於Android的主執行緒主要是用來處理有關UI的相關事件，例如按鈕點擊事件、繪圖事件、數字改變事件等，假

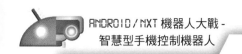

設在這些事件被觸發時啟動迴圈，但因為該迴圈的條件會讓主程式阻塞住，這些被觸發的事件便不會得到即時的回應，因此 Android 在設計主程式時，如果主程式在某一區塊內阻塞超過五秒鐘，系統將會跑出應用程式沒得到回應的對話方塊，告知使用者是否繼續等待或是強制關閉程式。

要解決這種情況必須要建立一個子執行緒，並將會阻塞主程式的程式碼放入該執行緒中，但這裡產生了另一個問題：子執行緒和主執行緒之間到底要怎麼溝通？意即子執行緒中讀取到數值之後要怎麼去更改主執行緒中的GUI物件呢？ Android 在這裡提供了一個很好用的類別 Handler，該類別可以讓執行緒在執行 run( ) 方法時更新主執行緒內的GUI物件。使用 Handler 內 sendMessage(Message msg) 發送一筆訊息到消息佇列中，並等待主程式的呼叫，當主程式呼叫該訊息後便可以做出更改GUI物件的動作了。

6-4-1 Layout 畫面布局

當 Android 與 NXT 連線成功後，便會進入到監控感應器讀值的畫面。畫面分別使用 SeekBar 和 TextView 以不同的方式來呈現光感應值（圖6-7）。

圖6-7 程式執行畫面

<monitor_layout.xml>

```
001  <?xml version="1.0" encoding="utf-8"?>
002  <AbsoluteLayout
003    xmlns:android="http://schemas.android.com/apk/res/android"
004    android:layout_width="fill_parent"
005    android:layout_height="fill_parent"
006    android:orientation="vertical">
007    <TextView
008      android:text="@string/lightValue"
009      android:id="@+id/tv_condition"
010      android:layout_width="fill_parent"
011      android:layout_height="wrap_content"
```

012	android:textSize="20sp"
013	android:background="#666"
014	android:textColor="#fff"
015	></TextView>
016	<ProgressBar
017	android:id="@+id/progressBarH"
018	android:layout_width="fill_parent"
019	android:layout_height="wrap_content"
020	style="?android:attr/progressBarStyleHorizontal"
021	android:max="100"
022	android:layout_x="0px"
023	android:layout_y="35px"
024	></ProgressBar>
025	<TextView
026	android:layout_width="fill_parent"
027	android:layout_height="wrap_content"
028	android:textSize="40sp"
029	android:id="@+id/tv_lightValue"
030	android:layout_x="138px"
031	android:layout_y="120px"
032	></TextView>
033	</AbsoluteLayout>

6-4-2 Activity 機動程式

STEP1：建立巢狀類別

在主程式類別內建立一個巢狀類別，該類別屬於一個內部類別，可以跟主類別共用資料成員，要執行的程式碼必須寫在run( )方法中。因為NXT端程式設計的原因，使用第206行的CommandNXT(START)方法才能讓機器人持續對手機發出訊息。第200行我們建立一個Message物件，該物件可以包覆資料，並用sendMessage(message)的方法將該物件傳到主程式的消息佇列中，等待主程式進行呼叫。請注意readValue並沒有被放入Message物件內，主要是因為它為外部類別變數，內部類別(Inner Class)也可使用之。

190	//開啟新的執行緒，屬於巢狀類別以便共用Activity的資料成員
191	class readThread extends Thread{
192	public void run(){

193	try {
194	CommandNXT(START);
195	DATAIn = new DataInputStream(BTSocket.getInputStream());
196	while(true){
197	//用readInt()方法讀取藍牙資料
198	readValue = DATAIn.readInt();
199	//建立Message物件，該物件可以將資料包覆住
200	Message message = new Message();
201	//定義該message物件的辨別標籤
202	message.what = 1;
203	//將message和其夾帶訊息傳到主程式消息佇列中
204	mHandler.sendMessage(message);
205	//持續命令NXT發送資料
206	CommandNXT(START);
207	}
208	} catch (IOException e) {
209	e.printStackTrace();
210	}
211	}
212	}//Thread

STEP2：處理資料佇列中的資料

建立Handler物件可以處理從主程式消息佇列中被呼叫的事件，在Step1中我們用
Message物件來包覆資料，並給予該物件標籤，Handler便會根據標籤做出對應的動作。

190	//實體化Handler物件
191	private final Handler mHandler = new Handler() {
192	public void handleMessage(Message msg) {
193	switch (msg.what) {
194	case 1:
195	//將readValue讀值用標籤和SeekBar表示出來
196	tv_readValue.setText(String.valueOf(readValue));
197	progressBarHorizon.setProgress(readValue);
198	break;
199	}
200	super.handleMessage(msg);
201	}
202	};

STEP3：顯示監控畫面

當連線建立開始讀值的時候會呼叫 Monitor 方法。第 135 行為變更顯示畫面，第 136 和第 137 行為建立顯示畫面上的元件，第 139 行實體化一個內部類別的執行緒，並利用 start( ) 方法啟動該執行緒。注意只有用 start( ) 方法才可以啟動執行緒，如果只是呼叫 run( ) 方法的話只會執行 run( ) 方法而已，並不會再建立一個執行緒。

```
132    //連線成功後會進入監控畫面
133    public void Monitor( ){
134    //顯示monitor_layout畫面
135    setContentView(R.layout.monitor_layout);
136    progressBarHorizon = (ProgressBar)findViewById(R.id.progressBarH);
137    tv_readValue =(TextView)findViewById(R.id.tv_lightValue);
138    //宣告一個內部類別的子執行緒(Inner class)
139    mthread = new readThread();
140    //啟動子執行緒
141    mthread.start();
142    }
```

STEP4：呼叫 **Monitor** 方法

記得在第 126 行中呼叫 Monitor( ) 方法。

```
126    Monitor();
```

STEP5：結束程式

最後在 OnStop( ) 方法中告知 NXT 結束程式，如果關閉程式時沒有告知 NXT 結束程式，NXT 端會發生例外事件。

```
174    CommandNXT(STOP);
```

6-4-3 NXT 端程式

ch6_NXT_3.java

NXT 端會持續接收從 Android 傳過來的指令，當 Android 告知要讀取感應器資料時 NXT 才會乖乖聽話並送出感應器值，而當 Android 結束應用程式時也會告知 NXT 主機，NXT 主機便隨之關閉程式。

STEP1：宣告光感應器類別

在第19行宣告光感應器類別，代表光感應器要連接於NXT的1號輸入端。

```
019                LightSensor l1 = new LightSensor(SensorPort.S1);
```

STEP2：顯示監控畫面

第20、21行使用藍牙建立輸出與輸入串流，第22~38行則是無限迴圈包覆的範圍。首先NXT會先讀取Android傳來的變數，並用switch來對該變數指令做相對應的動作。在第26~29行中則是讀取感應器值並傳出的動作但必須要記得清除內存。第35行代表關閉程式跳回選單畫面。

```
020                DataOutputStream dos = btc.openDataOutputStream();
021                DataInputStream dis = btc.openDataInputStream();
022                while(true){
023                    command = dis.readInt();
024                    switch(command){
025                    case START:
026                        value = l1.readValue();
027                        dos.writeInt(value);
028                        System.out.println(value);
029                        dos.flush();
030                        break;
031                    case STOP:
032                        dis.close();
033                        dos.close();
034                        btc.close();
035                        System.exit(1);
036                        break;
037                    }
038                }//while
```

完成後請仿照6-2-3節的方式來編譯並執行NXT端程式，連線完成之後便可以看到手機畫面上的數值，隨著NXT的光感應器所讀取到的數值而不斷更新。

Android 和 NXT

06

6-5. 總結

　　本章我們學會了如何從Android手機發出控制指令給NXT機器人，並更進一步的讓NXT將感應器資料回傳給Android手機。一旦建立起NXT和Android之間的溝通，我們便可以大大地擴充兩者的功能。除了讓Android手機當監控端監控NXT機器人外，我們還能讓Android手機當作NXT機器人的感應器來使用。舉例來說，我們可以使用Android手機的三軸旋轉感應器，並將三軸旋轉的量值以藍牙傳輸方式回傳給NXT機器人，這可讓機器人具備基本的定位及指向能力。Android手機大部分都配備有加速度、水平儀與GPS等感應器，與NXT機器人連結之後可以增強機器人的功能。我們將在下一章專門來介紹這些有趣的應用。

06

Android 和 NXT

CHAPTER
{ 07 }
Android百寶箱

Android 百寶箱

　　NXT機器人所配備的基本感應器有光、聲音、觸碰和超音波四種，就感知能力來說並不是很足夠，如果要使用較為特殊功能的感應器或是設備來擴充功能就得自行外接其他設備。然而每家廠商的規格和函式庫又有所不同，要是在應用上必須整合不同廠牌，那可得花費一番工夫。

　　Android系統解決了這個問題，它不但支援加速度、陀螺儀、磁場和溫度等特殊類型的感應器，甚至還可以接收GPS衛星訊號；當然Android不只有"感知"的能力，就機器人「說」的能力來講，它還能做到多國語言的輸出。在語言上Android支援英語、義大利語、西班牙語、法語和德語等多國語音輸出，讓手機能將文字資料輸出成五種不同國家的語音資料。Android就像百寶箱一般，將所有功能聚集在一台小小手機上（前提是該手機硬體設備支援），一旦將Android百寶箱和前一章所學的藍牙通訊結合，我們製作機器人地創意將會大大延伸！

　　我們只需要在程式中實作不同的Android感應器便能使用它們，非常方便。右表為Android系統所支援的標準感應器和所對應的參數表（表7-1）。

表7-1 Android所支援的感應器種類與代表參數

感應器種類	代表參數
加速度感應器	Sensor.TYPE_ACCELEROMETER
磁場感應器	Sensor.TYPE_MAGNETIC_FIELD
陀螺儀感應器	Sensor.TYPE_GYROSCOPE
方位感應器	Sensor.TYPE_ORIENTATION
壓力感應器	Sensor.TYPE_PRESSURE
亮度感應器	Sensor.TYPE_LIGHT
溫度感應器	Sensor.TYPE_TEMPERATURE
接近感應器	Sensor.TYPE_PROXIMITY

　　圖7-1為Android感應器所參考的共同座標軸。

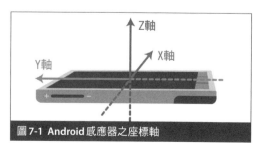

圖7-1 Android 感應器之座標軸

三軸座標定義了感應器的偵測範圍，但並不是每種感應器皆會用到三軸座標的定義，這端看各位讀者所使用的 Android 裝置上感應器的規格而定。在程式中感應器所偵測的三個範圍數值會以陣列的方式傳出，如表 7-2。

頻率參數代表每次感應器取樣的時間間隔。間隔愈短感應器愈敏感，但相對的也會愈消耗電池能量和記憶體資源。感應器取樣頻率和相對延遲時間請參考表 7-3。

對藍牙傳值來說，如果採用 SensorManager.SENSOR_DELAY_FASTEST 有可能因為傳出封包速度太密集而造成串流的阻塞，但又顧慮到感應器的精準性，因此在本章中皆以 SensorManager.SENSOR_DELAY_GAME 為頻率取樣。接下來將會以磁場感應器和加速度感應器與 NXT 機器人結合。請參考圖 7-2 為在 Android 中實作感應器之流程。

表7-2 座標對應之陣列元素

座標軸	Array
X軸	Value[0]
Y軸	Value[1]
Z軸	Value[2]

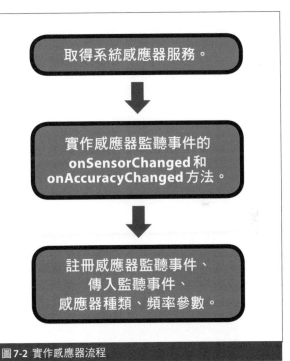

圖7-2 實作感應器流程

表7-3 感應器取樣參數

頻率參數	時間間隔
SensorManager.SENSOR_DELAY_FASTEST	0ms
SensorManager.SENSOR_DELAY_GAME	20ms
SensorManager.SENSOR_DELAY_UI	60ms
SensorManager.SENSOR_DELAY_NORMAL	200ms

7-1. 磁場感應器

＜EX7-1＞MagneticField

磁場（compass）感應器可感應三個軸向的磁通量，單位為 $\mu\mathbf{T}$(macro-Tesla)。使用磁場感應器，我們可以做出磁場雷達來偵測生活中電器用品的磁場。因為使用上的方便，我們取 Y 軸磁通量來偵測。當手機 Y 軸偵測到磁場時，NXT 會發出特定頻率的聲音。當偵測到的磁場強度越強時，NXT 所發出的聲音頻率也越高。

7-1-1 磁場感應器 -Layout 畫面布局

手機畫面主要為藍牙連線所設計，有別於上一章節，本章中藍牙連線為簡化的寫法，畫面包含空白欄位，這裡要輸入欲連線的 NXT 主機名稱。按下「Connect to NXT!」連線按鈕後會試著建立連線，連線成功後按鈕將會消失（圖 7-3）。

連線成功建立後

圖 7-3 連線前後之手機畫面

磁場感應器的畫面配置請參考圖 7-3 以及下列程式碼，我們僅使用 LinearLayout 來排列 TextView、EditText、Text 與 Button，所以畫面相當簡潔。

＜main.xml＞

```
001    <?xml version="1.0" encoding="utf-8"?>
002    <LinearLayout xmlns:android="http://schemas.android.com/apk/res/android"
003        android:orientation="vertical"
004        android:layout_width="fill_parent"
```

```
005    android:layout_height="fill_parent"
006      >
007    <TextView
008      android:layout_width="fill_parent"
009      android:layout_height="wrap_content"
010      android:text="@string/hint"
011      android:textSize = "25sp"
012      android:background="#666"
013      android:textColor="#fff"
014      android:id="@+id/tv_hint"
015      />
016    <EditText
017      android:layout_width="fill_parent"
018      android:layout_height="wrap_content"
019      android:id="@+id/et_nxtName"
020      ></EditText>
021    <Button
022      android:layout_width="fill_parent"
023      android:layout_height="wrap_content"
024      android:id="@+id/btn_connect"
025      android:text="Connect to NXT!"
026      android:textSize="36sp"
027      ></Button>
028    </LinearLayout>
```

7-1-2 磁場感應器——Activity 程式端

　　Activity程式端主要是處理感應器事件，並傳出感應器讀值，程式撰寫方法是讓整個機動程式實作感應器事件介面，並實作介面中的所有方法。

STEP1：初始化 Layout 畫面物件

在onCreate()生命週期內初始化畫面GUI物件和按鈕事件，當按鈕被按下後會執行第46行建立NXT藍牙連線，和第47行讓按鈕從畫面上消失，以防使用者重複建立連線造成意外。第51和53行是關鍵，在使用感應器前必須要找到手機感應器設備訊號（第51行）、取得訊號後便可以註冊感應器事件來監聽感應器的讀值（第53行），在註冊監聽事件中必須要傳入監聽的事件、感應器的種類和感應器延遲的時間三種參數。

```
035    @Override
036    public void onCreate(Bundle savedInstanceState) {
037        super.onCreate(savedInstanceState);
038        setContentView(R.layout.main);
039        tv_hint = (TextView)findViewById(R.id.tv_hint);
040        et_nxtName = (EditText)findViewById(R.id.et_nxtName);
041        btn_connect = (Button)findViewById(R.id.btn_connect);
042        btn_connect.setOnClickListener(new Button.OnClickListener(){
043            @Override
044            public void onClick(View arg0) {
045                // TODO Auto-generated method stub
046                creatNXTConnect();
047                arg0.setVisibility(View.GONE);
048            }
049        });
050        //取得sensorManager
051        sensorManager=(SensorManager)getSystemService(SENSOR_SERVICE);
052        //啟動感應器監聽事件，設定感應器類型、感應頻率
053        sensorManager.registerListener(this,sensorManager.getDefaultSensor(Sensor.
       TYPE_MAGNETIC_FIELD ), SensorManager.SENSOR_DELAY_UI);
054    }
```

STEP2：藍牙連線

本章中的藍牙連線寫法較為精簡，主要為第73行取得本地藍牙裝置、第79行建立已
配對裝置清單、第80~86行取得遠端藍牙裝置、第87行取得BluetoothSocket和第88
行建立連線。完整的藍牙連線設定方法請回顧第6章的6-1-1<配對通訊>。由於是由
使用者自行輸入欲連線的NXT主機名稱，該輸入的名稱將會和已配對的裝置進行核對
（第82行），如果已配對裝置清單中有裝置的名稱與輸入名稱相同，則會執行第83行
取得遠端藍牙裝置。

```
070    //建立藍牙連線
071    public void creatNXTConnect(){
072    try {
073        BTAdapter = BluetoothAdapter.getDefaultAdapter();
074        if(BTAdapter==null){
```

```
075        Toast.makeText(this,"No Device found!",Toast.LENGTH_SHORT).show();
076        finish();
077        }
078        BluetoothDevice  BTDevice = null;
079        Set<BluetoothDevice> BTList = BTAdapter.getBondedDevices();
080        if(BTList.size()>0){
081           for(BluetoothDevice TempDevice : BTList){
082              if(TempDevice.getName().equals(et_nxtName.getText().toString())){
083                 BTDevice = TempDevice;
084              }
085           }
086        }
087        BTSocket = BTDevice.createRfcommSocketToServiceRecord(UUID.
        fromString("00001101-0000-1000-8000-00805f9b34fb"));
088        BTSocket.connect();
089        DATAOu = new DataOutputStream(BTSocket.getOutputStream());
090        CommandNXT(START);
091        tv_hint.setText("Detect magnetic intensity");
092        } catch (IOException e) {
093           Toast.makeText(this, "Wrong", Toast.LENGTH_LONG).show();
094        }
095     }//creatNXTConnect
```

STEP3：感應器事件

SensorEventListener介面包含兩種方法：onAccuracyChanged()和onSensorChanged()，前者是當感應器的精密度有變化時呼叫；後者是當感應器的讀值改變時呼叫。第61行 onSensorChanged(SensorEvent event)方法會傳入SensorEvent參數，該參數包含value[0]、value[1]和value[2]資料成員，它們在磁場感應器中分別代表了X、Y、Z軸的法線面積磁場。第63行我們取Y軸為法線單位面積所偵測的磁場數值，將該數值傳入ComputeTheIntensity()方法中。

```
055     @Override
056     public void onAccuracyChanged(Sensor arg0, int arg1) {
057        // TODO Auto-generated method stub
058     }
059     @Override
```

```
060    //感應器讀值改變事件
061    public void onSensorChanged(SensorEvent event) {
062        // TODO Auto-generated method stub
063        ComputeTheIntensity(event.values[1]);
064    }
```

STEP4：感應器讀值處理

ComputeTheIntensity()方法會傳入一浮點數，並將浮點數轉換成整數絕對值，由第68
行的CommandNXT()方法將資料傳到NXT主機上。

```
065    //計算磁場強度並傳出數值
066    public void ComputeTheIntensity(float readValue){
067        intensity = (int)readValue;
068        CommandNXT(Math.abs(intensity));
069    }
```

STEP5：取消註冊感應器事件

在程式結束後要記得取消感應器事件的註冊，這樣感應器才會完全停止讀取訊號。

```
113    sensorManager.unregisterListener(this);
```

7-1-3 磁場感應器──NXT 程式端

ch7_NXT_Magnet.java

當NXT端接收到START參數後便會開始讀取 Android 手機傳過來的資料並撥放聲音，並
將傳入的磁場強度數值當作聲音的頻率。因此我們以NXT發出的聲音音頻來判斷現在所
處區域的磁場強度。

STEP1：檢測開始訊號

第21行設定讓NXT不停讀取訊號，直到資料為START時便會跳離這個迴圈，程式繼續
往下執行。

```
020    while(readValue != START){
021            readValue = dis.readInt();
022    }
```

在接收到「STOP（結束程式）」這筆資料前，機器人會不停讀取資料並撥放聲音，第25行限制了撥放聲音的資料範圍（30～1500Hz）。第26行 playTone() 方法內必須傳入兩個參數，第一個為頻率，第二個則是撥放時間，單位為毫秒 ms。但 playTone 為多型方法，所以也可以傳入第三個參數來控制音量，範圍從0~100。

```
023    while(readValue != STOP){
024            readValue = dis.readInt();
025            if(readValue<1500 && readValue>30){
026                Sound.playTone(readValue,40);
027                }
028            }
```

7-2. 加速度感應器

<EX7-2> Acceleration

加速度感應器（Acceleration sensor）可感應手機三個軸向的加速度，單位為 $\frac{m}{sec^2}$。用加速度感應器上下搖晃來計算步伐，步伐越多機器人走得越遠。本範例使用 Y 軸向加速度值。

本章將會直接介紹 Activity 和 NXT 程式端部分，關於 Layout 畫面布局請參考本章7-1-1。圖7-4為加速度感應器軸向的示意圖，此時 X、Y、Z 軸向的加速度值為（0, 0, 9.81）。

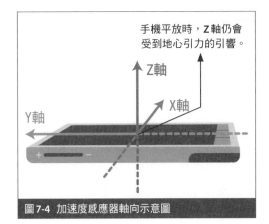

手機平放時，Z軸仍會受到地心引力的引響。

Z軸

X軸

Y軸

圖7-4 加速度感應器軸向示意圖

7-2-1 加速度感應器──Activity 程式端

手機端主要是偵測 Y 軸加速度感應值，並記錄每次搖晃手機時加速度從正值改變到負值的次數，每記錄到一次便會傳出「前進一步」的指令給機器人。

STEP1：註冊感應器監聽事件

第57行為註冊感應器監聽事件，請注意有別於先前的磁場感應器範例，這裡傳入感應器類型參數為 Sensor.TYPE_ACCELEROMETER，代表使用加速度感應器；感應器延遲時間參數為 SENSOR_DELAY_GAME，這是最靈敏的更新頻率。

```
057    sensorManager.registerListener(this,sensorManager.getDefaultSensor(Sensor.
       TYPE_ACCELEROMETER ), SensorManager.SENSOR_DELAY_GAME);
```

STEP2：感應器讀值處理

當使用者給予手機一個向上（朝正Y軸）的力時，手機Y軸所感測到的加速度會大於標準值 $9.81\frac{m}{s^2}$，如果此時使用者突然將力的方向改成向下（負Y軸方向）則此時所感測到的重力加速度會小於 $9.81\frac{m}{s^2}$。第72行是指手機所感應到的加速度對標準重力加速度的差值，當給予手機向上的力時，差值為正，反之為負。因此在施力方向的改變點兩側所記錄的差值相乘將會是負值。第74行的 if 判斷式代表當對手機施力方向改變的時候，這個時候機器人才會計算步伐並移動。

```
069    //處理感應器讀值
070    public void ComputeTheDifference(float readValue){
071        tv_hint.setText(String.valueOf(readValue));
072        differenceG = readValue - offsetG;
073        //每搖晃手機一次傳出ONESTEP值
074        if((differenceG*oldValueG)<0){
075            CommandNXT(ONESTEP);
076        }
077        else{
078            CommandNXT(NONESTEP);
079        }
080        oldValueG = differenceG;
081    }
```

7-2-2 加速度感應器——NXT程式端

NXT端的程式較為簡單， 即不斷接受Android手機傳過來的資料並執行對應的動作。
當指令為START時開始計算步伐， ONESTEP時前進一步， NONESTEP時不前進， 為STOP
時停止結束程式。

STEP1：計算步伐並前進

當機器人接收到ONESTEP的指令時代表前進一步(請注意馬達皆為定速前進)， 並將累
積的步伐顯示在顯示器上。 如果收到ONESTEP、 STOP指令時則停在原地。

030	//當手機上下搖晃一次時機器人前進
031	if(readValue == ONESTEP){
032	Motor.A.forward();
033	Motor.B.forward();
034	count++;
035	//顯示計算的步伐
036	System.out.println(count);
037	}
038	else{
039	Motor.A.stop();
040	Motor.B.stop();
041	}

7-3. GPS全球定位系統

<EX7-3> GPSCar

目前智慧型手機都有內建GPS模組， 絕大部分的
Android手機也支援此項功能。GPS可以標示出使用
者目前位置的經緯度， 如果經緯度搭配Google Map
API則能標示出使用者在地圖上的位置。 但GPS在
使用時必須要注意環境狀況， 在空曠無遮蔽物的室
外較能得到準確的位置座標。 室內、 高樓、 樹木、
衛星訊號甚至到烏雲都會影響GPS定位的精確度。

確認已
被點選

圖7-5 確認開啟GPS功能

使用GPS服務可以讓機器人計算移動的直線距離，當機器人移動到指定的距離後便會停止。請讀者到您的手機的「設定」→「位置」選單中確定「使用GPS衛星定位」的選單有打勾。本書使用之Android手機為HTC Desire。本章將會直接介紹Activity和NXT程式端部分，關於Layout畫面布局請參考本章7-1-1。

7-3-1 手機GPS ── Activity 程式端

手機端主要為讀取GPS定位的經緯度數值，並轉換成機器人移動的距離。當機器人超出該距離便會通知機器人停止前進。

STEP1：初始化GPS

在onCreat()生命週期時初始化GPS的設定。第46行實體化MyLocationListener()自訂類別，requestLocationUpdates()方法是設定位置提供者的4項參數，第一個參數為位置提供者、第二個是最小測量距離(m)、第三個為位置更新頻率(ms)，最後則是當位置提供者更新位置訊息時連帶呼叫locationListener事件。

```
041        //取得系統定位服務
042        locationManager = (LocationManager)getSystemService(Context.
LOCATION_SERVICE);
043        //實體化實做監聽事件的類別
044        locationListener = new MyLocationListener();
045        //註冊監聽事件並設定位置提供者的參數
046        locationManager.requestLocationUpdates(LocationManager.GPS_PROVIDER, 0,
0,locationListener);
```

STEP2：實作監聽事件方法

接著要定義第44行所實體化的MyLocationListener類別。該類別必須要實作LocationListener介面，並實作該介面的onLocationChanged()、onProviderDisabled、onProviderEnabled()和onStatusChanged()等四種方法。本章中我們只定義onLocationChanged()時的行為就可以了。第111和112行取得經緯度座標，並傳入第121行的distanceBetween()方法中，該方法可以藉由兩地經緯度來算出兩地距離，單位為公尺。因為第114~119行的關係所以傳入distanceBetween()方法中的star_lai和star_lon的兩變數皆不會再改變。

```
106  public void onLocationChanged(Location location) {
107          // TODO Auto-generated method stub
108          if (location != null){
109              Toast.makeText( getApplicationContext( ), "Changed", Toast.
     LENGTH_SHORT).show( );
110              //getLatitude和getLongitude方法取得位置經緯度
111              latitude = location.getLatitude( );
112              longitude = location.getLongitude( );
113              //紀錄機器人初始位置經緯度
114              if(count == 0){
115                  CommandNXT(START);
116                  star_lai = latitude;
117                  star_lon = longitude;
118                  count++;
119              }
120              //計算機器人移動距離
121              Location.distanceBetween(star_lai, star_lon, latitude, longitude, results);
122          etv_latitude.setText(Double.toString(location.getLatitude( )));
123          etv_longtitude.setText(Double.toString(location.getLongitude( )));
124          tv_distance.setText("Distance is "+String.valueOf(results[0]));
125          //機器人直線移動距離40公尺後停止
126          if(results[0]>40.0){
127            CommandNXT(STOP);
128          }
129          }
130      }
```

STEP3：解除位置資料更新

第149行在程式結束後用removeUpdates方法解除位置資訊的更新。

```
148      //解除位置資訊更新
149      locationManager.removeUpdates(locationListener);
```

7-3-2 GPS 全球定位系統──NXT 程式端

ch7_NXT_GPS.java

當藍牙連線建立後，機器人並不會馬上走動，而是等到手機GPS接收到位置資料後才開始前進。

STEP1：讀取命令並前進

當到達目的地時，手機會傳出「STOP」變數，機器人接收到該變數會跳出第25~31行的while迴圈並停止前進。

```
021    while(command != START){
022        command = dis.readInt();
023    }
024    //收到STOP變數後機器人會停下，否則持續前進
025    while(command != STOP){
026        command = dis.readInt();
027        Motor.A.setSpeed(300);
028        Motor.B.setSpeed(300);
029        Motor.A.forward();
030        Motor.B.forward();
031    }
032    Motor.A.stop();
033    Motor.B.stop();
```

7-4. Text To Speech──唸出感應器值

EX7-4>TTS

Android 自 SDK 1.6 版以來便內建了 Text to speech 的 API，但考量到當時的手持式電子用品記憶體資源並不多，因此沒有將相關的語音資料放入系統中，而是使用者自行從 Android Market 上下載安裝。因此在進行這一章前，請先到 menu→設定→文字轉語音中確認畫面是否與圖 7-6 相同，如果是則代表該手機已經安裝了相關語音資料

當這欄不能再選取即代表手機已安裝語音資料

圖7-6 確認是否已安製語音資料

Android 百寶箱

07

了。如果沒有，則須按下「安裝語音資料」，系統將會自動登入 Android Market，點選 SpeechSynthesis Data Installer 進行下載並安裝。

7-4-1 Android TTS —— Activity 程式端

　　Activity 程式端主體架構延伸第6章的6-4-2節，但藍牙連線寫法較為精簡，讀者可參考本章7-2-1節的STEP2，本章中 Android 手機必須不斷地接收 NXT 機器人訊號，所以必須要另闢執行緒來執行無限迴圈（請參考6-4節）。另一方面本章中範例並不會更動到 GUI 物件，所以不需要使用到 Handler 類別，程式也較為簡單。

STEP1：初始化 TTS 設定

　　TTS 的初始化較為特別，必須先在 onCreate( ) 方法內實體化 tts 變數，並在 onInit( ) 事件中完成初始化內容。程式第42行傳入的第一個參數為 context，第二個則為 onInitListener 監聽事件。在此 Activity 因為實作了該 onInit 監聽事件，所以輸入 this。

041	//實體化tts變數
042	tts = new TextToSpeech(this, this);

　　實體化完 TTS 類別，程式還要實作監聽事件內的 onInit( ) 方法，並在該方法內初始化 TTS 各項變數。第132行用 setLanguage 方法來設定發聲的語言，傳入參數 Locale.US 代表以美式英文發聲。第133~136行是指當該地區語音資料遺失或是不支援該地區語音資料時的錯誤處理。

128	//實作OnInitListener 監聽事件中的onInit方法
129	public void onInit(int status) {
130	// TODO Auto-generated method stub
131	if (status == TextToSpeech.SUCCESS){
132	int result = tts.setLanguage(Locale.US);
133	if (result == TextToSpeech.LANG_MISSING_DATA || result == TextToSpeech.LANG_NOT_SUPPORTED)
134	{
135	Toast.makeText(this, "Language is not available.",Toast.LENGTH_SHORT).show();
136	}
137	}
138	}//onInit

STEP2：藍牙輸入資料精簡版

本章中的藍牙傳入寫法較為精簡，在第89和90行中分別宣告巢狀子執行緒類別並啟動該執行緒。

| 089 | mThread = new readThread(); |
| 090 | mThread.start(); |

子執行緒Run方法的內容與第6章中的手法大同小異，第119行中用speak()方法讓手機持續念出所接收到的數值。speak方法中傳入的第一個變數為朗讀內容，第二個為朗讀模式，第三個因為用不到所以傳入null。

```
113            //執行內容寫在run()方法內
114            public void run(){
115                try {
116                DataInputStream mInStream =  new DataInputStream(BTSocket.
getInputStream());
117                    while(true){
118                        readValue = mInStream.readInt();
119                        tts.speak(String.valueOf(readValue), TextToSpeech.QUEUE_FLUSH,
null);
120                        CommandNXT(START);
121                    }
122                } catch (IOException e) {
123                    e.printStackTrace();
124                }
125            }
```

7-4-2 Android TTS ——NXT 程式端

ch7_NXT_TTS.java

NXT端程式會每隔2秒傳出感應器讀取到的資料（第29行），本範例使用超音波感應器來讀取障礙物距離。

STEP1：初始化TTS設定

第20行宣告並實作超音波感應器類別，請將超音波感應器接在NXT主機的1號輸入端。

```
UltrasonicSensor l1 = new UltrasonicSensor(SensorPort.S1);
```

STEP2：讀取距離延遲傳輸

同樣使用無限迴圈來讀取 Android 手機指令，並用 switch 做出指令判斷。第 28 行讀取超音波感應器讀值，第 29 行是等待兩秒後傳輸，等待兩秒的原因是讓手機語音能將完整念完一個數值。

```
024      while(true){
025          command = dis.readInt();
026          switch(command){
027          case START:
028              distance = l1.getDistance();
029              Delay.msDelay(2000);
030              dos.writeInt(distance);
031              dos.flush();
032              break;
033          case STOP:
034              dis.close();
035              dos.close();
036              btc.close();
037              System.exit(1);
038              break;
039          }
040      }//while
```

7-5. 總結

　　NXT 機器人能從 Android 獲得的資源相當豐富，除了感應器、GPS 和第 5 章所用到的觸控面板，還有相機、藍牙通訊等。本章介紹了與機器人有重要相關的磁場、加速度、GPS 與 TTS 等感應器或資源。您已知道了如何在 Android 手機上取得相關資源服務、實作該服務的監聽事件、註冊監聽事件並傳入相關參數。利用監聽事件可以取得該服務的資料，將該資料整理以藍牙方式傳送給 NXT 機器人，機器人便可以加以判別並執行動作。

　　當然，更進階的機器人應用所需要用到的資源不會只有一種，如何安排多個資源服務、並傳出不同資料到機器人判別後執行，這些課題都值得您在日後深入研究。

CHAPTER
{ 08 }

Google App Inventor

08

8-1. 什麼是 App Inventor

Google 的 20% 工作時間計畫

App Inventor 是 Google 實驗室（Google Lab）的一個子計畫，由一群 Google 工程師與勇於挑戰的 Google 使用者共同參與。Google App Inventor 是一個完全雲端開發的 Android 程式環境，拋棄複雜的程式碼而使用樂高積木式的堆疊法來完成您的 Android 程式。除此之外它也正式支援樂高 NXT 機器人，對於 Android 初學者或是機器人開發者來說是一大福音。因為對於想要用手機控制機器人的使用者而言，他們不大需要太華麗的介面，只要使用基本元件例如按鈕、文字輸入輸出即可。

開發一個 App Inventor 程式就從您的網路瀏覽器開始，您首先要設計程式的外觀。接著是設定程式的行為，這部分就像玩樂高積木一樣簡單有趣。最後只要將手機與電腦連線，剛出爐熱騰騰的程式就會出現在您的手機上了。

App Inventor 讓您可在網路瀏覽器上來開發 Android 手機應用程式，開發完成的程式可下載到實體手機或在模擬器上執行。App Inventor 伺服器會儲存您的工作進度還會協助您管理專案進度。

請注意 App Inventor 仍持續開發與更新，並不定期推出新的元件。本團隊於編寫此書期間也同步編寫 App Inventor 手機程式設計書籍，其中會完整介紹 App Inventor 各種元件，並加入更多有趣的範例，歡迎各位讀者延伸閱讀。

Google App Inventor Servers

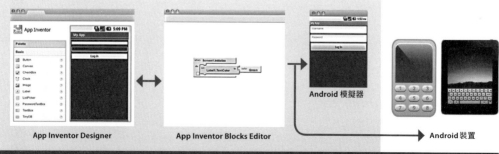

圖 8-1 Google App Inventor 架構圖

Google App Inventor

完成一個 App Inventor 程式需要經過兩道加工手續，也就是不同的開發介面：

- **Designer**：選擇程式中要用到的各種元件。
- **Blocks Editor**：把各種程式指令「組合」在一起，藉此決定程式元件之行為。設計程式行為的方式就好像在螢幕上拼拼圖一樣輕鬆又有趣。

當我們逐步加入各種元件時，它們也會同時出現在您的手機畫面上，因此您可以邊寫程式邊進行測試。完成之後，您可以將程式打包起來產生一個 .apk 安裝檔，或下載 .zip 原始檔。

如果您沒有實體的 Android 設備，您還是可以透過 Android 模擬器來檢視執行效果。軟體在模擬器上如何運作，到了設備上也是同樣一回事。

App Inventor 的開發環境支援 Mac OS X、Windows 以及 GNU/Linux 等主要作業系統，手機則支援大多數知名品牌的 Android 手機。App Inventor 所設計的程式可以安裝在任何一隻 Android 手機上。

在開始使用 App Inventor 之前，您需要建立相關開發環境並安裝 App Inventor 安裝套件，請看下節說明。

8-2. 建立 Google App Inventor 環境

本段將依序帶您建立 Google App Inventor 開發環境，請根據以下步驟來完成安裝。本書使用之作業系統為 Windows，也可以使用麥金塔或 Linux 等作業系統，請至 App Inventor 官網依照步驟完成安裝。

8-2-1 系統需求

電腦與作業系統

- 使用 **Intel** 處理器的麥金塔電腦，作業系統為 **Mac OS X 10.5** 或以上。
- **Windows**：**Windows XP**、**Windows Vista** 與 **Windows 7**。
- **GNU/Linux**：**Ubuntu 8** 或以上；**Debian 5** 或以上。

瀏覽器

- **Mozilla Firefox 3.6** 版或以上
- **Apple Safari 5.0** 版或以上

- **Google Chrome 4.0** 版或以上
- **Microsoft Internet Explorer 7** 版或以上

測試 **Java** 環境設定

☛ 您的電腦需使用 **Java1.6** 以上版本，**Java** 套件可從 **Java** 官方網站下載。您可依照下列步驟來測試 **Java** 環境是否正確建置完成：

1. 請 到 **Java** 的 測 試 頁 面（**http://www.java.com/ en/download/testjava.jsp**）。網頁上會顯示正 在運行的 **Java** 版本，如下圖所示（圖 8-2）。

2. 接 著 請 到 **Java** 網 路 程 式 示 範 頁 面（**http:// www.oracle.com/technetwork/java/demos- nojavascript-137100.html**）並選擇一個範例程式，例如繪圖 **Draw**。點選之後，**Java** 網路程式就會透過瀏覽器將這個範例程式下載到您的電腦，接著點選下載好的程式來執行它。您也許需要設定瀏覽器好順利開啟 **jnlp** 檔案。

圖 8-2 Java 測試頁面

如果上述兩個測試步驟不成功的話，App Inventor 就無法正確運作。按照先前的步驟再檢查看看吧。

8-2-2 建置 App Inventor 環境

安裝 **App Inventor** 安裝套件

1. 安裝 **App Inventor** 安裝套件，這個步驟適用於 **Windows XP, Vista, and 7**，硬體面則適用於所有的 **Android** 裝置。

2. 安裝您使用手機之 **Windows** 驅動程式。

☛ 我們建議您使用系統管理員權限來完成安裝，如此一來這台電腦上的所有使用者都可以使用 **App Inventor**。如果您沒有系統管理員權限，則 **App Inventor** 只能在您所選用安裝的帳號下使用。請依下列步驟完成安裝：

1. 下載 **installer**。**http://appinventor.googlelabs.com/learn/setup/setupwindows.html**

2. 請在下載資料夾或桌面找到下載檔案 **AppInventor_Setup_Installer_v_1_1.exe**，約 **92 MB**。檔案的實際下載位置會根據您所使用的瀏覽器而有不同。

3. 開啟檔案並安裝，安裝時請使用預設設定即可，請勿更改安裝路徑並將安裝資料夾位置記下來，因為有時候我們可能會進去檢查相關的驅動程式。安裝資料夾可能會因為您所使用的作業系統以及是否使用系統管理員權限而有所不同。

> 指定安裝路徑

App Inventor 大多數的情況下都能自行完成安裝，但如果在安裝過程中系統詢問 App Inventor 之安裝路徑時，請確認安裝路徑為 C:\Program Files\Appinventor\commands-for-Appinventor。如果您使用的是 64 位元的作業系統，請將上述路徑中的 Program Files 改為 Program Files (x86)。另一方面如果您並非以系統管理員身分安裝 App Inventor，則它會安裝在使用者的個人資料夾中而非直接放在 C:\Program Files 資料夾下。

8-2-3 手機驅動程式

☛ **App Inventor** 安裝套件已包含了下列數款 **Android** 手機的驅動程式：

- **T-Mobile G1* / ADP1**
- **T-Mobile myTouch 3G* / Google Ion / ADP2**
- **Verizon Droid***
- **Nexus One**
- *** 代表其它廠商所生產之同規格手機**

原則上各版本的 Android 手機應都可與 App Inventor 搭配使用，經實測甚至可回溯到 HTC tattoo 機（Android1.5 版，但效能略差）。如果您的 Android 手機未列於上述清單中，請參閱您的手機使用說明書或 Google App Inventor 官方網站以獲得更多資訊，本書作者是使用 HTC Desire，需另外安裝 HTC Sync 軟體方能順利連線，請自行到 HTC 官方網站下載。

8-3. 第一個 App Inventor 程式

我們要以 Google 的官方範例來告訴您如何完成第一個 App Inventor 程式。請根據以下步驟操作：

<EX8-1> HelloPurr

這是您的第一個 App Inventor 應用程式：手機螢幕上有一隻可愛的小貓圖案，當您餵（點選）牠的時候就會喵喵叫。您也可以到 Youtube 上來看 Google 開發小組對於本程式的示範影片（http://www.youtube.com/watch?v=nC_x9iOby0g）。在開始寫程式之前，請確認您的電腦環境已經設定完成（圖 8-3）。

☛ 當您編寫本程式時，您會了解到 **App Inventor** 的三個主要工具：

- **Designer**：設計手機畫面的地方，**Designer** 位於您的網路瀏覽器裡。
- **Blocks Editor**：決定程式行為的地方，**Blocks Editor** 是另一個會以新視窗來顯示的 **Java** 程式。
- 手機：您可使用 **USB** 線來連接電腦與手機。

要完成這個可愛的小程式您需要一張小貓的圖以及貓叫的聲音檔。這兩個檔案可到 App Inventor 官方網站或本書網站下載，當然您也可以自行選擇喜歡的影音檔案。

<STEP1> 啟動 Designer

請到 App Inventor 官方網站（http://appinventor.googlelabs.com）。如果這是您第一次使用 App Inventor，您會看到一個空白的專案（Projects）頁面（圖 8-4）。

<STEP2> 建立新專案

請點選螢幕左上角的 New 按鍵，接著請輸入專案名稱 HelloPurr，之後您可以自由使用您喜歡的專案名稱，輸入完畢之後請按 OK。請注意 App Inventor 不支援中文，專案名稱類似於一般程式語言的變數宣告方式，例如不能以數字開頭，例如

圖 8-3 HelloPurr 執行畫面

圖 8-4 空白的專案頁面

圖 8-5 Designer 頁面

123myProject 就是不合格的專案名稱。接著會進入 Designer 頁面，這就是您選擇程式元件並決定程式外觀的地方，如圖8-5所示。

<STEP3> 選擇程式元件

App Inventor 的各種程式元件都位於 Deisgner 頁面左側的 Palette 框架下。 程式元件是指您用來設計程式的各種基本模組，就好像菜單上的食材一樣。有些程式元件相當簡單，例如顯示文字用的 Label 元件，或是各種點擊功能的 Button 元件。其它的程式元件就複雜得多，例如可處理影像與動畫的畫布（canvas）以及呼叫手機其他程式的活動啟動器（ActicityStarter）等。或是使用加速度（動作）感應器，就好像 Wii 的手把一樣，讓我們可以偵測手機的移動/搖動狀況。另外還有用來編輯/發送文字訊息的 TextBox 元件、播放音樂/影片的 Player 元件以及從網站截取資料的 WebViewer 元件等等，非常豐富。

您只要點選並將要用的程式元件拖到 Designer 頁面中間的 Viewer 區塊就可以了，簡單吧。當您在 Viewer 中放入一個程式元件時，Designer 頁面右側的 Components 框架也會出現該程式元件代表已經成功放入。我們可在 Components 框架下方的 Rename... 與 Delete... 按鍵來重新命名或刪除該元件。

我們可以進一步調整各個程式元件的屬性，請點選要修改的程式元件後就會在 Properties 框架中出現該元件可修正的各種屬性。

<STEP4> 設定程式元件屬性

☛ 先在 **HelloPurr** 程式中加入一個按鈕，但按鈕的圖示要改成先前所述的小貓圖檔（**kitty. png**），請跟著下列步驟操作：

1. 將 **Button** 元件拖到 **Screen1** 中，**Button** 元件位於 **Palette** 框架下的 **Basic** 選單中。.

2. 在 **Button** 元件的 **Properties** 框架中，點選 **Image** 下的 **none...**。

3. 點選 **Add**….

4. 選擇 **kitty.png** 圖檔，請至 **www.cavedu.com/androidfile** 網站下載。

5. 請將 **Text** 欄位的預設字樣「**DeleteText for Button1**」刪除。

完成之後，您的 Designer 頁面會長這樣（圖8-6）。

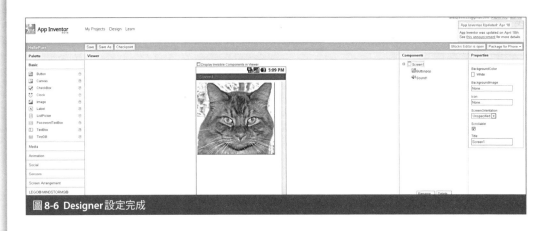

圖 8-6 Designer 設定完成

<STEP5> 開啟 Blocks Editor

Designer 頁面只占一個程式的二分之一而已， 另外一半是 Blocks Editor， 我們在其中指定程式元件之間的行為， 例如按下按鈕之後所要執行的動作。

Blocks Editor 是另一個獨立的視窗， 當您在 Designer 頁面按下 Open the Blocks Editor 按鍵時， 系統會自動下載並開啟一個新視窗來讓您的電腦能與連接的設備進行溝通，這個步驟不會太久。 如果 Blocks Editor 一直打不開， 請檢查您所使用的瀏覽器對於自動下載檔案方面的設定， 這時請到下載資料夾找到 AppInventorForAndroidCodeblocks. jnlp 這個檔案， 開啟它之後就可以打開 Blocks Editor。

<STEP6> 連接手機

Blocks Editor 開啟之後， 系統會詢問您要使用實體設備或是模擬器。 請注意 Blocks Editor 右上角的灰色欄位會顯示 「等候裝置...（ Waiting for device...）」。 當我們選擇使用實體設備時， 系統會指示您可以將手機與電腦連接了 （圖8-7）。

手機連接完成之後， Blocks Editor 右上角的灰色欄位將變為「已連接（Connect to device）」。 點選該按鍵後 Blocks Editor 就會和手機開始傳輸， 您所編寫的程式出現在手機畫面上了。 如果沒有出現程式畫面且灰色欄位顯示 「在裝置上重新啟動程式（Restart App on Device）」， 這時只要再按一次灰色欄位就好了 （圖8-8）。

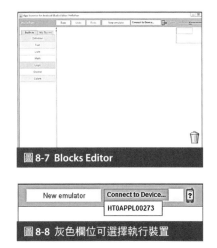

圖 8-7 Blocks Editor

圖 8-8 灰色欄位可選擇執行裝置

這時您可以按按程式上的按鈕（小貓圖案），但因為我們沒有設定按鈕動作所以手機不會有任何反應。另一方面，我們在Designer與Blocks Editor中的任何修正都會同時顯示於手機畫面上。請注意一旦灰色欄位顯示Restart App on Device，就請再按一次來更新程式。

☛ 讓我們整理一下使用**Blocks Editor**與連接手機時的注意事項：

1. 在 **Designer** 頁面點選 **Open the Blocks Editor** 選項。
2. 將手機與電腦連接後點選 **ok**。
3. 在 **Blocks Editor** 右上角處點選 **Connect to device**，再點選您的裝置名稱。

<STEP7> 加上標籤

讓我們一鼓作氣完成HelloPurr吧！ 您已將電腦與手機設定好了，也學會Designer與Blocks Editor 的使用方法，這時候您的Designer頁面應該是開啟的狀態，Blocks Editor則是位於另一個視窗，最後則是在Blocks Editor 中選擇您要連接實體手機或使用模擬程式。接著我們將完成程式所需的步驟列出：

☛ **Designer**頁面：

- 加入一個標籤（**Label**）元件，顯示文字為"逗逗我吧～ "。
- 上傳音效檔（**meow.mp3**）。
- 加入一個音效（**Sound**）元件用來播放 **meow** 音效檔。

☛ **Blocks Editor**：

- 新增一個**event handler**，用來在使用者點擊按鈕時通知音效元件來播放音效檔。

如何新增標籤元件

☛ **Palette** 框架：

1. 將一個**Label**元件新增到**Viewer**框架中，將它放在小貓圖案的下方。它會出現在右側的元件清單中，並自動取名為**Label1**。

☛ **Properties** 框架：

1. 將**Label1**的文字（**Text**）屬性改為"逗逗我吧~"或您喜歡的句子，您會發現在**Designer**頁面與手機上的對應文字也一起改變了。請注意**Designer**上元件文字可輸入中文，但在**Block Editor**中則無法使用中文。
2. 將**Label1**的背景顏色（**BackgroundColor**）改為藍色或您喜歡的顏色。
3. 將**Label1**的文字顏色（**TextColor**）改為黃色或您喜歡的顏色。

4. 將 **Label1** 的字體（**FontSize**）改為 **30**。

這時候 Designer 頁面應該長這樣，如圖8-9所示：

<STEP8> 加入喵喵聲

☛ **Palette** 框架：

1. 點選 **Media** 標題來展開所有清單。

2. 將一個音效（**Sound**）元件新增到 **Viewer** 框架中。因為它是非可視元件（**Non-visible components**），所以不論您將它放在那邊，它都不會在 **Viewer** 中出現而只會顯示 **Viewer** 的下方。

☛ **Media** 框架：

1. 點選 **Add...**。

2. 上傳音效檔 **meow.mp3**。

☛ **Properties** 框架：

圖 8-9 Designer 頁面－標籤設定完成

1. 將 **Sound1** 元件的來源（**Source**）設定為剛剛上傳的音效檔。

這時候 Designer 頁面應該長這樣，如圖8-10所示：

圖 8-10 Designer 頁面－上傳音效檔完成

<STEP9> 發出喵喵聲

Blocks Editor是用來設定程式的行為，因此我們要告訴各個元件它們該做什麼以及什麼時候要做。例如要告訴小貓按鈕，當它被按下時就要發出喵喵聲。如果元件可看作食譜中的食材的話，這些積木般的控制指令就是各種不同的烹調方法。

在 Blocks Editor 的左側有兩個選項：內建指令（Built-in）與自訂指令（My Blocks），點選之後會展開並顯示其下的指令。內建指令是常用的標準指令，所有的程式都可以使用這些指令。自訂指令則是根據您所選擇的元件來顯示對應的指令。由 Button.Click 的語法來看，App Inventor 的確是用 Java 包成一個個積木般的指令，只是不讓我們拆開而已。

☛ 要播放音效檔的話，您要找到 **Button1.Click** 與 **Sound1.Play** 這兩個指令，並把它們組合起來，如圖 8-11：

完成啦！這裡我們詳細列出播放音效的步驟：

1. 找到 **Blocks Editor.** 視窗，它是一個 **Java** 視窗，有可能被瀏覽器或其他元件擋住了。
2. 點選畫面左上角處的 **My Blocks** 選項。
3. 點選 **Button1**。
4. 將 **when Button1 Click do** 指令拖拉到編輯區中。
5. 點選 **Sound1**。
6. 將 **call Sound1.Play** 指令拖拉到編輯區中，並將其放置於 **when Button1.Click do** 指令下方，兩個指令只要靠近到一個程度就會自動組合起來，如圖 8-11。

圖 8-11 Button1.Click 指令

7. 點選您 **Android** 裝置或模擬器畫面上的小貓，這時候應該會聽到可愛的喵喵聲。

恭喜您已經完成第一個 App Inventor 程式了。您可以將程式打包並產生一組二維條碼、將程式下載到電腦或者按下 Designer 頁面右上角的「打包到手機（Package for Phone）」按鈕將程式下載到連接的手機。

☛ 最後我們回顧一下設計 **App Inventor** 程式時的重點：

- 程式設計的方式是藉由選擇不同的元件（好比是食材），接著告訴它們何時該做什麼事。
- 在 **Designer** 頁面中選擇元件，元件根據其屬性而有可能不會顯示在畫面上。
- 可從電腦上傳音效檔與圖檔作為程式的媒體檔案。
- 在 **Blocks Editor** 中將各種指令組合起來，由此決定各元件的行為。
- **when...do...** 指令事實上就是事件處理器（**event handlers**），它會告訴元件當某個特殊狀況發生時應該執行的動作。
- **call...** 指令是用來設定元件所要執行的動作。

8-4. App Inventor 下的樂高 NXT 機器人

請注意要使用 App Inventor 來控制樂高 NXT 機器人時，都需要在 Designer 頁面中新增一個 BluetoothClient 元件，它是用來處理手機與機器人之間的藍牙通訊。請注意一個 BluetoothClient 元件只能與一台機器人溝通，所以如果您要在同一個 App Inventor 程式中與兩台以上的機器人進行藍牙連線時，就需要根據機器人數量加入對應的 BluetoothClient 元件。BluetoothClient 元件位於 Not ready for prime time 選單中。

☛ 以下是進行一台或多台 NXT 機器人之藍牙通訊之前所需的步驟：

1. 在 **Palette** 框架中的 **Not ready for prime time** 選單中，將一個 **BluetoothClient** 元件新增到 **Viewer** 中，它會自動取名為 **BluetoothClient1**。

2. 在 **Palette** 框架中的 **LEGO MINDSTORMS** 選單中，將一個 **NxtDirectCommands** 元件新增到 **Viewer** 中。

3. 在 **NxtDirectCommands** 元件的屬性欄中，將 **BluetoothClient** 欄位指定為剛剛新增的 **BluetoothClient1**。

4. 如果有需要的話，請另行加入其他 **NXT** 機器人元件，例如顏色感應器（**NxtColorSensor**），並請重覆以上步驟完成它的藍牙設定。請注意 **App Inventor** 的 **NXT** 機器人元件都屬於非可視元件。

非可視元件例如 **BT client, sensor** 這些元件只會在背景運作，所以我們在畫面上看不到它們。

8-5. 回顧先前的程式碼

接著我們要回顧一下前幾章寫過的程式碼，如果使用 App Inventor 的話會更輕鬆寫意。等一下！那前幾章這麼辛苦地寫程式究竟有什麼意義呢？如我們在本章開頭所說的，App Inventor 無法寫出華麗的介面，程式的複雜度也有一定的限制。一言以蔽之，App Inventor 是沒辦法取代正統的 Android SDK 開發環境的啦！

本段我們將給您兩個使用 App Inventor 來控制樂高 NXT 機器人的範例：<EX8-2> 讀取光感應器值與 <EX8-3> 按鈕控制，兩者都是簡易又實用的應用範例。

Google App Inventor

08

<EX8-2> 讀取光感應器值（NXT Show Light）

延續第6章的讀取光感應器值範例，現在我們用App Inventor再寫一次。請新增一個名為NXTLightsensor的App Inventor專案，並依照表8-2新增以下元件：

表8-2 <EX8-2>元件表

STEP	元件類別	父類別	名稱	注意事項
1	Horizontal Arrangement	Screen Arrangement	Horizontal Arrangement1	
1	Button	Basic	ButtonConnect	位於Horizontal Arrangement1之下
1	ListPicker	Basic	NXTList	位於Horizontal Arrangement1之下
2	Horizontal Arrangement	Screen Arrangement	Horizontal Arrangement2	
2	Label	Basic	LightValueLabel	位於Horizontal Arrangement2之下
2	Label	Basic	LightValue	位於Horizontal Arrangement2之下
2	Button	Basic	Button Disconnect	
2	Label	Basic	LabelText1	說明文字用
2	Label	Basic	LabelText2	說明文字用
2	NxtLight Sensor	LEGO® MINDSTORMS®	NxtLightSensor	非可視元件
2	Bluetooth Client	Other stuff	BluetoothClient	非可視元件
2	Clock	Basic	Clock	非可視元件

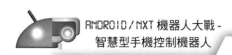
Designer

STEP1：

<EX8-2> 與 <EX8-3> 的字體大小皆為 20，方便閱讀。

請確認 ButtonConnect 與 NXTList 這兩個元件都位於 HorizontalArrangement1 下。ButtonConnect 的 Text 請輸入「連線」，NXTList 的 Text 請輸入「NXT 裝置清單」。Width 請選 Fill Parent，Height 請選 Automatic。

STEP2：

請確認 LightValueLabel 與 LightValue 這兩個元件都位於 HorizontalArrangement2 下。LightValueLabel 的 Text 請輸入「光值：」，接著請清除 LightValue 的 Text，因為我們要讓它來顯示光感應器值。Width 請選 Fill Parent，Height 請選 Automatic。

STEP3：

ButtonDisconnect 的 Text 請輸入「斷線」，Width 與 Height 請選 Automatic。

STEP4：

LabelText1 的 Text 請輸入「請按 "NXT List" 選擇 NXT 主機後按 "Connect" 連線。」，LabelText2 的 Text 請輸入「-1 代表偵測不到裝置。」。這兩個元件只用來顯示說明文字，Width 與 Height 請選 Automatic。

STEP5：

非可視元件中，請將 NXTLightSensor 的 BluetoothClient 欄位設定為 BluetoothClient，否則無法正常連線。Clock 元件中請勾選 TimerAlwaysFires 與 TimerEnabled 這兩個欄位，最後將 TimerInterval 設為 200ms，代表每 0.2 秒更新一次光感應器值。

Block Editor

STEP6：

請從 Block Editor → My block → NXT List 中找到 when NXTList.AfterPicking 與 NXTList. Elements 指令；接著從 Bluetoothclient 中找到 Bluetoothclient.AddressAndNames 指令，並如下圖相接。本段程式代表將 NXTList 的元件與手機藍牙裝置清單連線，包含藍牙位址與裝置名稱（圖 8-12）。

圖 8-12 設定 **NXTList** 中為藍牙連線清單

STEP6：

☛ 請新增以下指令：

- **Block Editor→My block→ ButtonConnect**中的**when ButtonConnect.Click**指令。
- **Bluetoothclient**中的**call Bluetoothclient.connect**指令。
- **NXTList**中的**NXTList.Selection** 指令。
- **NxtLightSensor**中的**set NxtLightSensor.GenerateLight** 指令，並將參數設定為**true**， 代表開啟光感應器前方燈泡。
- 從**Built-In→Control**中找到**if** 元件。

請將各元件依圖8-13組合，本段 程式代表當按下連線按鈕時，會 先測試Bluetoothclient的NXTList. Selection是否有效，如有效代表 連線成功，並接著使光感應器前 端的燈泡發光。

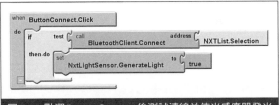

圖 8-13 點選 ButtonConnect 後測試連線並使光感應器發光

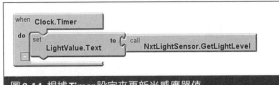

圖 8-14 根據 Timer 設定來更新光感應器值

圖 8-15 設定斷線按鈕

STEP7：

☛ 請新增以下指令：

- **Block Editor→My block→Clock**中的**when Clock.Timer**指令。
- **LightValue**中的**set LightValue.Text**指令。
- **NxtLightSensor**中的**call NxtLightSensor.GetLightLevel**指令，請注意回傳值的範圍為 **0~1023**，如果為**-1**代表發生錯誤或未連接裝置。

請將各元件依圖8-14組合，本段程式代表以Clock元件的Timer（計時器）的設定值 （STEP5中的200ms）來將光感應器的值更新於LightValue標籤上。

STEP8：

☛ 請新增以下指令：

- **Block Editor→My block →ButtonDisconnect** 中的 **ButtonDisconnect.Click** 指令。
- **Bluetoothclient** 中的 **call Bluetoothclient.Disconnect** 指令。

請將各元件依圖8-15組合，本段程式代表按下斷線按鈕時就會中斷藍牙連線，之後可以再次進行連線。

STEP9：

執行程式時請先確認NXT主機電源與藍牙都已開啟，接著啟動手機程式。請先點選NXT裝置清單按鈕，點選指定的NXT主機名稱之後會跳回主畫面，接著按下連線鈕。連線成功之後就可以從手機畫面上看到NXT光感應器值的變化情形（回傳介於0～1023的raw值）。如果無法順利看到光值，請依序檢查各步驟設定並重新操作。

圖 8-16a 點選 NXT 裝置清單

圖 8-16b 選擇指定名稱的 NXT 主機

圖 8-17 順利顯示光值

<EX8-3> 按鈕控制（NXT Button Control）

上個範例將機器人感應器值回傳給Android手機，接下來的範例我們要在Android手機上繪製多個按鈕來控制機器人的前進、後退、轉彎與發出音效等動作。各位也可參考本書的第9章按鈕控制來深入比較Android與App Inventor的異同之處。請新增一個名為NXTButtonControl的App Inventor專案，並依照表8-3新增以下元件：

表 8-3 <EX8-3> 元件表

STEP	元件類別	父類別	名稱	注意事項
1	ListPicker	Basic	NXTList	Text 欄位請輸入「連線」
1	Table Arrangement	Screen Arrangement	Table Arrangement	
2	Button	Basic	ButtonFoward	位於 TableArrangement 之下 Text 欄位請輸入「前進」
2	Button	Basic	ButtonLeft	位於 TableArrangement 之下 Text 欄位請輸入「左轉」
2	Button	Basic	ButtonBackward	位於 TableArrangement 之下 Text 欄位請輸入「後退」
2	Button	Basic	ButtonRight	位於 TableArrangement 之下 Text 欄位請輸入「右轉」
2	Button	Basic	ButtonStop	位於 TableArrangement 之下 Text 欄位請輸入「停止」
2	Button	Basic	ButtonBeep	位於 TableArrangement 之下 Text 欄位請輸入「嗶嗶」
2	Button	Basic	Button Disconnect	Text 欄位請輸入「斷線」
3	Bluetooth Client	Other stuff	Bluetooth Client	非可視元件
3	NxtDrive	LEGO® MINDSTORMS®	NxtDriveB	非可視元件
3	NxtDrive	LEGO® MINDSTORMS®	NxtDriveC	非可視元件
3	NxtDirect Commands	LEGO® MINDSTORMS®	NxtDirect Commands	非可視元件
3	Clock	Basic	Clock1	非可視元件

Designer

STEP1 :

請進入 TableArrangement 的屬性欄位， 在 Columns 欄位中輸入 3， Rows 欄位中輸入 2， 這樣會完成一個 3 x 2 的表格。

STEP2 :

請確認 ButtonForward 至 ButtonBeep 都位在 TableArrangement 之下。 接著在 TableArrangement 下建立一個名為 ButtonDisconnect 的 Button 元件， 它可用來中斷藍牙連線。

STEP3 :

非可視元件中， 請將 NxtDriveB、 NxtDriveC 與 NxtDirectCommands 等三個指令的 BluetoothClient 欄位設定為 BluetoothClient， 否則無法正常連線。 另一個非可視元件是名為 Clock1 的 時鐘（clock）元件， 它可以在固定的時間間隔進行觸發， 我們就是用它來每一秒鐘讀 取一次光感應器值。

Blocks Editor

STEP4 :

請 從 Blocks Editor → My block → Screen1 中 找到 when Screen.Initialize 指令 ； 接著 從 ButtonDisconnect 中找到 ButtonDisconnect. Enabled 指令 （ 參 數 設 定 為 false）， 將 兩 個 指 令 組 合， 如 圖 8-18a。 本段程式 代表程式啟動且未建立藍牙連線時， 將 ButtonDisconnect 斷線按鈕設為不可按 （ 圖 8-18b）。 這是為了避免使用者誤按造成程 式錯誤而中斷。

圖 8-18a 將斷線按鈕設為不可按

STEP5 :

接下來我們要設定在建立 NXT 連線之前那些 按鈕可以使用， 那些則不行。 在建立連線 之前， 就算按下 「前進」 或其他控制機 器人的按鈕也不會有任何反應。 因此就一 個良好的程式介面來說， 應該將這些鍵設

圖 8-18b 斷線按鈕不可按

為不可按 （Button.Enabled to false） 以免
造成使用者困擾， 您可接續修正讓程式更
加完整。

請從 Blocks Editor → My block → NXT List 中
找到 when NXTList.AfterPicking 與 NXTList.
Elements 指令； 接著從 Bluetoothclient 中找到
Bluetoothclient.AddressAndNames 指令， 並如圖
8-19a 相接。 本段程式圖 8-19a 代表將 NXTList
的元件設定為手機藍牙裝置清單， 包含藍
牙位址與裝置名稱。 當成功建立 NXT 連線之
後， 會將連線按鈕設為不可按， 其餘按鈕就
都可以操作了 （圖 8-19b）。

圖 8-19a 將 **NXTList** 的元件設定為手機藍牙
裝置清單

圖 8-19b 連線成功後將相關按鈕設定為可按

STEP6 ：

☛ 接著要設定前進、 後退、 左轉與右轉等四
種機器人動作。 請新增以下指令：

- **My block → ButtonForward** 中的 **when
  ButtonForward.Click** 指令。

- **My block → NxtDriveB** 中的 **NxtDriveB.
  MoveForwardIndefinitely** 指 令， 參 數
  請設為 **100**。 代表 B 馬達全速正轉。

- **My block → NxtDriveC** 中的 **NxtDriveC.
  MoveForwardIndefinitely** 指 令， 參 數
  請設為 **100**。 代表 C 馬達也是全速正轉。

請將以上指令如圖 8-20 中框框處組合， 該
段程式代表機器人以最高速向前運動。 圖
8-20 中其他段程式由上而下分別代表了後

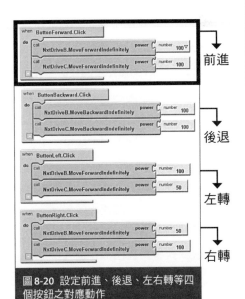

圖 8-20 設定前進、後退、左右轉等四
個按鈕之對應動作

STEP7：

☛ 這一步驟要讓機器人發出嗶嗶聲以及停止，
請新增以下指令並如圖 8-21 組合：

- My block → ButtonBeep 中的 when
  ButtonBeep.Click 指令。
- My block → NxtDirectCommands 中
  的 NxtDirectCommands.PlayTone。
  frequencyHz 設為 880，ducationMs 設為 300。
  代表發出頻率為 880Hz 的音 0.3 秒鐘。
- My block → ButtonStop 中的 when
  ButtonStop.Click 指令。
- My block → NxtDriveB 中的 NxtDriveB.Stop，
  代表停止 B 馬達。
- My block → NxtDriveC 中的 NxtDriveC.Stop，
  代表停止 C 馬達。

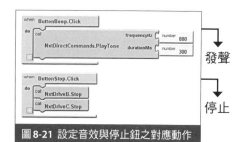

圖 8-21 設定音效與停止鈕之對應動作

STEP8：

☛ 最後則是處理結束通訊的程式，請新增以下
指令並如圖 8-22 組合：

- My block → ButtonDisconnect 中的 when
  ButtonDisconnect.Click 指令。
- My block → BluetoothClient 中的
  BluetoothClient. Disconnect，代表中斷
  藍牙連線。
- 將 NXTList 的 Enabled 設為 true，代表斷
  線後可再次發起連線要求。
- 將其他所有按鈕的 Enabled 設為 false，代
  表斷線後就無法操作這些按鈕。

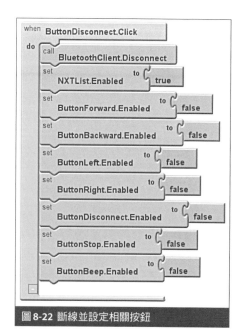

圖 8-22 斷線並設定相關按鈕

STEP9：

執行程式時請先確認NXT主機電源與藍牙都已開啟，接著啟動手機程式。連線過程與<EX8-2>相同，連線成功之後就可以透過手機上的按鈕來操作機器人了。如果無法順利讓機器人動起來，請依序檢查各步驟設定並重新操作（圖8-23）。

圖8-23 連線成功後的操作畫面

8-6. 總結

　　Google App Inventor對於看到大串程式碼就頭暈的朋友來說，的確是天大的好消息。但您必須體認到它與完整的Android SDK有先天體質上的差異，支援性與完整性都會比較弱。不過有這樣一個簡易又可愛的程式環境，的確是讓寫程式時的心情都好起來了呢！另一方面我們也動手編寫使用Google App Inventor之Android智慧型裝置程式開發書籍，敬請期待。

　　下一章開始進入本書的專題，本書作者群精心為各位準備了全方位的專題應用，完整囊括了Android手機與樂高NXT機器人的各種應用，包括了使用手機上的加速度感應器、方位感應器以及觸控面板來控制機器人，其中觸控又分為單點觸控、多點觸控以及手勢觸控等等。最後則是將手機、個人電腦結合機器人做成遠端影像監控機器人，內容非常精彩，快點翻頁吧！

CHAPTER
{ 09 }

〔PROJECT──按鈕控制〕

1. 實做藍牙連線 **client** 端
2. **Android** 手機 **layout** 畫面切換
3. 藍牙資料傳輸

程式難度：中
機構難度：易

09

9-1. 學習重點

1. **實做藍牙連線 client 端**
2. **Android 手機 layout 畫面切換**
3. **藍牙資料傳輸**

程式難度：中
機構難度：易

　　在第6章中，我們已經學習到如何去寫Android的client端藍牙連線，並利用DataInputStream跟NXT進行資料傳輸。現在我們將會實作一個遙控器，該遙控器可以對機器人進行遠端控制。遠端控制是機器人一項很重要的功能，我們可以利用遠端控制讓機器人在危險的區域運動，甚至是讓他們為我們服務。現在就讓我們結合所學，來做一個功能強大的遙控器吧！

9-2. 機器人介紹

　　<EX9-1>ButtonControl_1

　　我們將在手機畫面上繪製多個控制按鈕，不同的按鈕被按下後機器人會做對應的動作。比如說按鈕「後退」被按下，機器人就會後退。您可以和第8章的〈EX8-3〉進行比較。

9-2-1 機器人本體

　　建議您組裝一台雙馬達機器人，您可以自行設計或使用本書附錄A的範例機器人，如圖9-1。

圖 9-1 雙輪差速驅動機器人

9-3. 傳送命令

藍牙端連線如同第6章的範例，命令碼可分為三個整數，其中 targetPower 和 turn 藉由正負值可再分成四種，表 9-1 為命令碼和機器人相對動作一覽表：

表9-1 命令碼與機器人對應動作

命令碼	變數	狀態
targetPower	700	直線前進
	-700	直線後退
turn	200	左轉修正量
	-200	右轉修正量
stop	0	機器人停止

在傳輸資料的過程中，Android 並不是一直傳出指令給 NXT，而是在按鈕事件被觸發時才會傳出對應指令給 NXT 主機。相反的是，在 NXT 主機端必須要不斷地讀值，保持通訊管道的暢通。

9-4. Layout 畫面布局——第一版

程式端請參考 <ch9_ButtonControl_1>，該 Layout 是採用線性布局的方式，從上到下排列顯示元件。在主畫面上我們配置了一個 TextView 欄位作為 NXT 名稱的輸入，並利用按鈕「Connect ！！」作為觸發連線的開關和動作指令，如圖9-2：

圖9-2 手機控制畫面

9-5.Activity 機動程式端製作

PART1 宣告命令碼常數：

宣告命令代碼的變數，static 表示保有共同的記憶體，final 表示不能對該變數數值做更改。代碼變數的部分請參考表9-1。

028	public static final int turnl = 200;
029	public static final int turnr = -200;
030	public static final int stop = 0;
031	public static final int targetPower = 700

PART2 與 NXT 建立連線：

建立藍牙連線的部分請參考第6章<藍牙連線>會有更詳盡的解說，這裡程式概念沿用第6章。

120	//與NXT建立連線
121	public void ConnectToNXT(){
122	BluetoothAdapter btAdapter = BluetoothAdapter.getDefaultAdapter();
123	if(btAdapter == null){
124	finish();
125	return;
126	}
127	BluetoothDevice btDevice = null;
128	Set<BluetoothDevice> BTList = btAdapter.getBondedDevices();
129	if(BTList.size()>0){
130	for(BluetoothDevice btTempDevice:BTList){
131	if(btTempDevice.getName().equals(editText_name.getText().toString())){
132	btDevice = btTempDevice;
133	}
134	}
135	}
136	if(BTList.size()==0){
137	return;
138	}
139	try {

```
140          btSocket = btDevice.createRfcommSocketToServiceRecord(UUID.
     fromString("00001101-0000-1000-8000-00805f9b34fb"));
141          btSocket.connect();
142          dataOut = new DataOutputStream(btSocket.getOutputStream());
143      } catch (IOException e) {
144          // TODO Auto-generated catch block
145          e.printStackTrace();
146      }
147  }
```

PART3 傳送控制碼的方法：

dataOut是DataOutputStream類別的物件，每次傳出資料後必須要用flush()方法來清除內存以免資料溢位。

```
148  //傳送控制碼的方法
149  public void sendNXTCommand(int value) throws IOException{
150   dataOut.writeInt(value);
151   dataOut.flush();
152  }
```

PART4 建立與NXT連線按鈕監聽事件：

建立連線方法是利用系統的按鈕事件來處理。當按鈕被按下時，檢查藍牙連線是否已經建立，如已經建立則不會重複執行建立連線的動作；反之建立藍牙連線。

```
043  //建立連線
044  button_connect.setOnClickListener(new Button.OnClickListener(){
045      @Override
046      public void onClick(View v) {
047          // TODO Auto-generated method stub
048          if(btSocket == null){
049              ConnectToNXT();
050          }
051          else setTitle("NXT has been connected");
052      }
053  });
```

PART5 運動控制按鈕：

其他三個控制機器人前進、左轉、右轉、後退和停止的按鈕監聽寫法皆與PART4相同。

```
054    //前進按鈕事件
055    button_forward.setOnClickListener(new Button.OnClickListener(){
056        @Override
057        public void onClick(View v) {
058            // TODO Auto-generated method stub
059            try {
060                sendNXTCommand(targetPower);
061            } catch (IOException e) {
062                // TODO Auto-generated catch block
063                e.printStackTrace();
064            }
065        }
066    });
067    //後退按鈕事件
068    button_backward.setOnClickListener(new Button.OnClickListener(){
069        @Override
070        public void onClick(View v) {
071            // TODO Auto-generated method stub
072            try {
073                sendNXTCommand((-1)*targetPower);
074            } catch (IOException e) {
075                // TODO Auto-generated catch block
076                e.printStackTrace();
077            }
078        }
079    });
080    //左轉按鈕事件
081    button_turnl.setOnClickListener(new Button.OnClickListener(){
082        @Override
083        public void onClick(View v) {
084            // TODO Auto-generated method stub
085            try {
```

```
086            sendNXTCommand(turnl);
087        } catch (IOException e) {
088            // TODO Auto-generated catch block
089            e.printStackTrace();
090        }
091    }
092    });
093    //右轉按鈕事件
094    button_turnr.setOnClickListener(new Button.OnClickListener() {
095        @Override
096        public void onClick(View v) {
097            // TODO Auto-generated method stub
098            try {
099                sendNXTCommand(turnr);
100            } catch (IOException e) {
101                // TODO Auto-generated catch block
102                e.printStackTrace();
103            }
104        }
105    });
106    //停止按鈕事件
107    button_stop.setOnClickListener(new Button.OnClickListener() {
108        @Override
109        public void onClick(View v) {
110            // TODO Auto-generated method stub
111            try {
112                sendNXTCommand(stop);
113            } catch (IOException e) {
114                // TODO Auto-generated catch block
115                e.printStackTrace();
116            }
117        }
118    });
```

9-6.NXT 端程式

Ch9_NXTButtonControl.java

關於藍牙連線部分NXT端請回顧第6章會有更詳盡的解說。要注意的是在leJOS的setSpeed(turn)方法中，假設現在馬達正轉，如果turn從正值變到負值，馬達依然為正轉。舉例來說setSpeed(200)和setSpeed(-200)的轉向和速度皆為相同。

STEP1 建立NXT端連線：

程式會停留在第16行waitForConnection()方法直到NXT與遠端設備建立連線，建立連線後會在第20行開啟輸入串流。

```
016    BTConnection btc = Bluetooth.waitForConnection(0, NXTConnection.RAW);
017            LCD.clear();
018          System.out.println("Connected");
019            //建立輸入串流
020          DataInputStream dis = btc.openDataInputStream();
```

STEP2 運動控制：

在無限迴圈內的readInt()方法（第44行）會不斷讀取藍牙傳入數值，傳入的命令代碼會以switch結構來分類並執行對應動作。

```
023    while(true){
024            turn = dis.readInt();
025            switch(Math.abs(turn)){
026            case 700:
027                if(turn>0){
028                    Motor.A.forward();
029                    Motor.B.forward();
030                    }
031                else{
032                    Motor.A.backward();
033                    Motor.B.backward();
034                    }
035                Motor.A.setSpeed(turn);
036                Motor.B.setSpeed(turn);
```

```
037                     break;
038                 case 200:
039                     Motor.A.setSpeed(turn);
040                     Motor.B.setSpeed(turn);
041                     if(turn>0){
042                         Motor.A.forward();
043                         Motor.B.backward();
044                     }
045                     else{
046                         Motor.A.backward();
047                         Motor.B.forward();
048                     }
049                     break;
050                 case 0:
051                     Motor.A.stop();
052                     Motor.B.stop();
053                     break;
054                 default :
055                     break;
056             }//switch
057         }//while
```

9-7.Layout畫面布局──第二版

在9-6節中我們已經完成NXT遠端遙控機器人。但就使用者介面來說，完全的線性布局排列畫面未免顯得太過陽春和且不人性化，因此在第二版中我們稍微更改使用者介面，增加整體精緻度。我們將畫面分成兩個，第一個為NXT連線畫面，也就是main.xml。該畫面可以讓使用者輸入欲連線的NXT名稱並連線，當連線成功後就會跑到第二個畫面，也就是main2.xml。main2.xml畫面在安排上更符合使用者習性，我們使用了Absolute Layout來完成。

改進的使用者介面：

當使用者按下 Connect to NXT 鍵時，螢幕會切換成運動控制介面（圖9-3）。

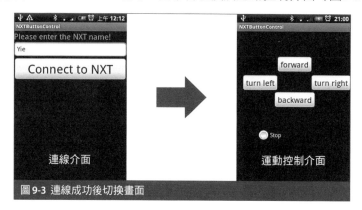

圖**9-3** 連線成功後切換畫面

由於使用了兩個畫面布局，所以必須再新增一個Layout才可以。在layout資料夾內再新建一個xml檔，檔名為main2.xml。關於布局內容請讀者參考ch5的「ch5_AbsoluteLayout 程式範例」（圖9-4）。

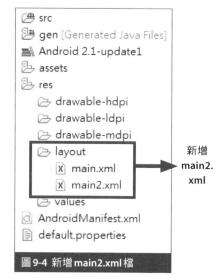

圖**9-4** 新增 **main2.xml** 檔

9-8.Activity 機動程式端——第二版製作

<EX9-2>ButtonControl_2

這是最簡單切換畫面的方法，也就是單純地改變Layout。手機預設載入的畫面為main.xml，當使用者按下main.xml中的Connect to NXT按鈕時，手機呈現第二個顯示畫

09

〔 PROJECT ──按鈕控制 〕

面也就是 main.xml。我們可以利用 setContentView(R.layout.main2) 來置換手機頁面，這樣的好處是在原程式中類別、變數、方法等皆沒有改變，因此即使畫面改變，我們還是可以使用原來的資料成員。

STEP1 畫面轉換的方法：

第 88 行用 setContentView( ) 方法顯示 main2.xml 檔的畫面布局。

```
086    //跳到畫面二的方法
087    public void JumpToMain2(){
088    setContentView(R.layout.main2);
```

STEP2 使用畫面轉換方法：

第 75 行使用我們所定義的 JumpToMain2( ) 方法，表示連線完成後將轉換到控制介面。

```
074    //跳到畫面二
075    JumpToMain2();
```

9-9. 總結

遠端搖控已經變成當今機器人必備的功能，它讓我們不必接觸機器人就能控制機器人。以前機器人在進行遠端控制時，往往是採用無線射頻模組來傳送和接收資料，但這種方法很容易受到環境電磁波的干擾而降低精確度。隨著藍牙科技的成熟，機器人在短距離通訊才有了重大的改變。利用藍牙科技，我們的傳輸指令可以更快、更穩定地與機器人進行傳輸，並且不受環境電磁波的干擾，因此在短距離通訊條件下是最經濟實惠的選擇。

CHAPTER
{ 10 }

〔PROJECT——翻轉控制〕

1. Orientation 感應器
2. 藍牙資料傳輸
程式難度：中
機構難度：易

翻轉控制

除了 **Android** 作業系統的演進之外，手機硬體設備也大大豐富了程式開發者發揮的空間。就感應器來說，**Android** 作業系統支援許多不同類型的感應器，但真正在開發程式上仍然需要配合硬體上的規格。目前為止 **Android** 作業系統共支援了磁場、壓力、溫度、陀螺儀、光線、加速度、電子羅盤等感應器；硬體上來說最普及的為陀螺儀、重力和電子羅盤。本章將會利用陀螺儀做為感應器，配合之前學習過的藍牙傳輸來控制 **NXT** 機器人的運動。

10-1. 學習重點

1. **Orientation** 感應器
2. 藍牙資料傳輸

程式難度：中
機構難度：易

在實做這章之前我們必須要確認硬體是否支援 Orientation 感應器，在手機的產品規格表上都可以查到。Android 支援相當多類型的感應器，基本上每個感應器的實做方法大同小異，所以只要會實做其中之一的感應器，其他的感應器也是相同的操作方法。

10-2. 機器人介紹

利用翻轉手機的方式來控制機器人，轉動分前後左右四個分量，分別對應到機器人的四個方向速度。如果翻轉的幅度愈大，機器人該分量的速度也越快。

10-2-1 機器人本體

　　建議您組裝一台雙馬達機器人，您可以自行設計或使用本書附錄A的範例機器人，如圖10-1。

圖 10-1 雙輪差速驅動機器人

10-3. 回饋資料傳輸：

　　在前幾章中我們使用藍牙對機器人發出控制的指令碼，機器人端只需要不停接收指令碼並做出對應的動作就可以了。這樣的方式雖然簡單又快速，但卻有致命的危險，也就是資料的遺失。因為藍牙在傳送一連串的資料時，如果每一筆獨立的資料間沒有確認機制，則很有可能發生誤判情形。第9章<按鈕控制>因為只要發出一種資料(Output. writeInt(number))所以並不會有資料誤判的情形，NXT只要盡可能地讀取number這個整數就可以了；但在第10章，我們會同時對機器人發出許多的指令包括：前進分量(forward)、轉彎分量(turn)和指令代碼(command)。當機器人讀取完了這三個參數才能做出一種完整的動作，因此我們可以將這三個獨立的資料歸納成一組、每一組都是獨立的。如果每組資料沒有確認機制，則很有可能因為資料的覆蓋或是遮蔽因而讀取錯誤。

　　理想的資料讀取應為：(20、330、2)、(23、220、4)、(30、250、3)、(20、350、2)……括號為一個完整動作。

2	350	20	3	250	30	4	220	23	2	330	20
指令	前進	轉彎	指令	前進	轉彎	指令	前進	轉彎	指令	前進	轉彎

遺失的資料　　　正在讀取的值　　　讀過的值

→ 送出

圖 10-2 資料傳輸中的遺失封包問題

因為轉彎參數為30的值在傳輸過程中遺失，所以真正讀取到的資料順序為：

(220、330、2)、(123、220、4)、(150、3、220)、(350、2···，括號為一個完整動作。

2	350	20	3	250	4	220	23	2	330	20
前進	轉彎	指令	前進	轉彎	指令	前進	轉彎	指令	前進	轉彎

被誤判的指令組

送出

圖10-3 遺失封包導致錯誤的機器人動作

可以發現當傳輸串流中如果有資料遺失，會造成往後的資料傳輸錯誤。假設我們只有定義1~9種指令，但現在機器人讀到的是指令碼為20的指令代號，這樣會造成機器人在判斷上的錯誤。改進的方法便是在每組資料的最尾端加上判斷資料。假設我們將每組資料增加為四個，除了"指令"、"前進"、"轉彎"外又多了"判斷"參數：

1	3	250	30	1	4	220	23	1	2	330	20
判斷	指令	前進	轉彎	判斷	指令	前進	轉彎	判斷	指令	前進	轉彎

遺失的
資料

送出

圖10-4 加入確認用封包(重繪)

同樣假如在資料傳輸串流中"指令"為4的資料遺失，現在機器人讀取到的資料便是綠色區塊，按照順序來便是：(23、220、1、30)當中機器人會把23參數的意義當成轉彎、220為前進、1為指令、30是判斷，如果機器人的邏輯判斷中設定"判斷"參數的值為1時代表該組資料正確，則機器人便可以發現它現在讀到的是錯誤的值了。

但光是會發現自己讀到錯誤的值並不能叫做"回饋"，機器人必須跟控制器做緊密的聯繫才行。最基本的做法便是機器人做完一組完整無誤的動作後，它就會告訴操控器可以再傳值過來，這樣我們就可以確認接收端(NXT機器人)接收到資料。因此在本章中，手機每次傳出一筆資料後就必須等待機器人的回應，有了正確回應就可以再傳下一筆。

10-4. 資料合併傳輸：

上一小節提到的回饋傳輸機制將會應用在本章的藍牙傳輸中。但讀者不免有所疑問，前一小節說過程式將會傳出三種參數，但我們卻只用了一個判斷參數就可以判斷整組指令，這是怎麼辦到的？其實只要把一整組的參數，將它們合成一筆資料就可以了。簡單來說我們可以利用一些數學十進位的方法處理一下，將整組資料組合成一筆資料，再將該筆資料傳到NXT主機中，NXT主機只要對該筆資料解密就可以得到 " 指令 " 、 " 轉彎 " 、 " 前進 " 和 " 判斷 " 等四個參數。處理方法如下：

> **已知：**

1. 指令為 **0~9** 之間的整數不包含 **1**，變數代號為 **command**。

2. 前進為 **-90~90** 的整數，變數代號為 **forward**。

3. 轉彎為 **-90~90** 的整數，變數代號為 **turn**。

4. 判斷的參數我們設為 **1**，變數代號為 **check**。

我們建立一個名為 "order" 的變數，這樣一來Android手機只要傳出order一個參數並等待一次就可以。而NXT端只要對order變數做除法來取位數就能分解出需要的四個變數。程式寫法如下：

假設 command=2、turn=20、forward=53 且 check=1，order=220531。

001	order = command/100000; //220531除以100000取整數等於2
002	command = command%100000; //餘數為20531
003	turn = (command/1000)*10; //20531除以1000取整數等於20並乘以900/90（900為馬達轉速最大值、90為轉動手機最大角度。）
004	command = command%1000; //餘數為531
005	forward = (command/10)*10; //531除以10取整數並乘以900/90為530。
006	command = command%10; //餘數為1
007	check = command;

這樣NXT就能得到四個參數了。第3行中乘以900再除以90的意義為馬達轉速的比例調配。Orientation感應器取得的值為角度（單位為度）而我們轉最多為該分量的90度，但馬達的轉速範圍卻在 0~900 ，900/90=10的參數就代表手機轉動量對應到馬達速度的分量。

不過這樣的程式有個問題，也就是不能表示正負號，order中的turn和forward數值都必須為正值，不然NXT端無法解碼。

10-5. Orientation 感應器

Orientation 感應器可以讀取以Android為座標中心的三軸轉動角度，也就是Direction、Pitch 和 Roll，圖10-5以座標軸的方式讓圖者了解，藍色箭頭表示其轉動區間，箭頭方向代表敘述方向。下圖中Direction的量值從0→359→0、Pitch從0→180→-179→-1→0，Roll則是從0→90→0→-90→-1→0，在本章中我們只要使用到Pitch和Roll的量值就可以了。（圖10-5）

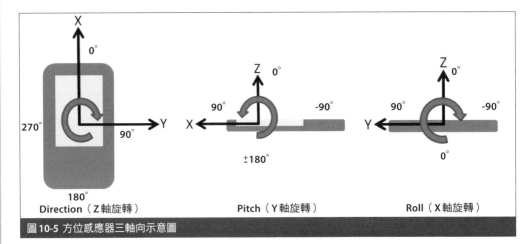

圖10-5 方位感應器三軸向示意圖

本章中Pitch的量值代表forward的前進向量量值，同理Roll的量值代表turn的轉彎向量量值。雖然感應器的數值有正負號，但根據上一小節敘述，我們一律取絕對值。對於機器人的左轉或右轉的控制，在NXT端上我們清楚的分別列舉出來，我們特別去定義以NXT機器人為座標軸四個運動方向的分量（圖10-6）：

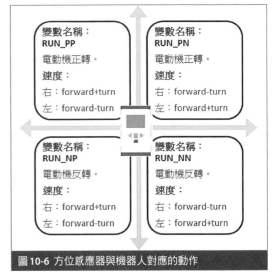

變數名稱：
RUN_PP
電動機正轉。
速度：
右：forward+turn
左：forward-turn

變數名稱：
RUN_PN
電動機正轉。
速度：
右：forward-turn
左：forward+turn

變數名稱：
RUN_NP
電動機反轉。
速度：
右：forward+turn
左：forward-turn

變數名稱：
RUN_NN
電動機反轉。
速度：
右：forward-turn
左：forward+turn

圖10-6 方位感應器與機器人對應的動作

上圖定義了NXT機器人四個方位的指令(command)名稱和馬達速度的調配及轉向，在NXT端程式撰寫時只要用switch…case結構就可以實做了。在機動程式中實做感應器，必須要使用到SensorManager和SensorEventListener兩種類別物件。SensorManager類別可以讓我們使用感應器系統服務、註冊感應器的類型為Orientation並且設定感應器的頻率。SensorEventListener類別可以處理感應器的讀值，其包含兩種方法，第一種為onAccuracyChanged(Sensor sensor, int accuracy)第二種為onSensorChanged(SensorEvent event)。我們只要使用第二種方法，並利用SensorEvent的資料成員value[0]、value[1]、value[2]就可以得到三軸轉動的數據。表10-1為資料對照表：

表10-1 方位感應器資料說明與範圍		
資料	意義	資料範圍
event.value[0]	Direction	0~359
event.value[1]	Pitch	-180~180
event.value[2]	Roll	-90~90

10-6.Layout畫面布局

<EX10-1> OrientationBot

畫面佈局是採用絕對布局的方式，跟第9章<按鈕控制>一樣有輸入NXT名稱的欄位、啟動連線的按鈕和三個TextView。第48行的TextView是做為參考的介面，讓我們知道機器人正和手機通訊，之後在機動程式實做會討論此處。這裡我們只要知道當機器人傳確認指令給手機時，它就會顯示1後又跳回0。而0就代表這時手機正在傳指令給NXT機器人。

```
001  <?xml version="1.0" encoding="utf-8"?>
002  <AbsoluteLayout
003  android:id="@+id/widget0"
004  android:layout_width="fill_parent"
005  android:layout_height="fill_parent"
```

006	xmlns:android="http://schemas.android.com/apk/res/android"
007	>
008	<Button //啟動藍牙連線的按鈕
009	android:id="@+id/btu_connect"
010	android:layout_width="wrap_content"
011	android:layout_height="66px"
012	android:text="Connect NXT!"
013	android:textStyle="bold"
014	android:textColor="#ff006600"
015	android:gravity="center"
016	android:layout_x="150px"
017	android:layout_y="27px"
018	>
019	</Button>
020	<EditText //輸入NXT名稱的欄位
021	android:id="@+id/edtText"
022	android:layout_width="110px"
023	android:layout_height="50px"
024	android:text="kevin"
025	android:textSize="18sp"
026	android:layout_x="30px"
027	android:layout_y="27px"
028	>
029	</EditText>
030	<TextView //檢視roll值的欄位
031	android:id="@+id/textView_2"
032	android:layout_width="wrap_content"
033	android:layout_height="wrap_content"
034	android:textSize="24sp"
035	android:layout_x="16px"
036	android:layout_y="99px"
037	>
038	</TextView>
039	<TextView
040	android:id="@+id/textView_3"
041	android:layout_width="wrap_content"
042	android:layout_height="wrap_content"

043	android:textSize="24sp"
044	android:layout_x="16px"
045	android:layout_y="133px"
046	>
047	</TextView>
048	<TextView
049	android:id="@+id/textView_4"
050	android:layout_width="wrap_content"
051	android:layout_height="wrap_content"
052	android:textSize="24sp"
053	android:layout_x="16px"
054	android:layout_y="233px"
055	></TextView>
056	</AbsoluteLayout>

10-7.Activity 機動程式端製作

　　機動程式在建立藍牙連線的部分跟第9章相當類似，但在第10章中機動程式除了要對 NXT 傳出控制指令外，還要接收 NXT 機器人傳回的確認指令，一旦收到確認指令機動程式才能再傳出下一道指令。依照往常程式的寫法，接收指令的部份我們只要在主程式內放入 while(true){…}無限迴圈不停接收訊息就可以，但這樣會有個問題，也就是要執行機動程式時會發生程式未正常終止的錯誤。

　　其實 Android 的 UI（主程式）有個特性，就是不能將要執行很久的程式碼放在其中執行。要避免這種錯誤，必須將「須執行超過五秒以上的程式」放在另外開啟的執行緒當中。程式撰寫時我們必須建立 Thread 物件，並將費時的工作放在 Thread 的 run 方法中執行。詳細說明請參考 6-4 節。

　　但是另外開闢一個 Thread 類別將會使用到新的變數，如何在 Thread 和 UI 間做變數的交換是件很麻煩的事情，幸運的是，我們可以使用巢狀類別來共用資料成員。只要將 Thread 類別當成 Activity 的內部類別，並利用 Activity 來實體化 Thread，因為 Thread 是 Activity 的 InnerClass，它便可以存取外圍類別的資料成員，這點類似類別中的方法。

10-7-1 Activity 機動程式

STEP1 實作感應器事件介面：

為了方便起見，我們直接在機動程式的類別實做 SensorEventListener 介面，並且宣告 SensorManager 和執行緒 readThread。

024	public class OrientationMain extends Activity implements SensorEventListener{
025	/** Called when the activity is first created. */
026	SensorManager sensorManager = null;
027	TextView textView_2,textView_3,textView_4;
028	BluetoothSocket BTSocket = null;
029	DataOutputStream DATAOu = null;
030	DataInputStream DATAIn = null;
031	readThread mThread;

STEP2 連線按鈕事件處理：

第1到9行是典型的按鈕事件處理方法。當按鈕被按下的時候程式會執行 creatNXTConnect( ) 方法（第6行），creatNXTConnect( ) 方法將會在 STEP3 中說明。第61到71行是 CommandNXT 方法，該方法用來傳出 ORDER 變數給 NXT 機器人。第62到64行是檢查資料串流，如果輸出串流 (DATAOu) 沒有建立起來，則不會傳出資料。

051	//建立按鈕事件
052	btu_connect.setOnClickListener(new Button.OnClickListener(){
053	@Override
054	public void onClick(View arg0) {
055	// TODO Auto-generated method stub
056	creatNXTConnect();
057	}
058	});//setOnClickListener
059	}//onCreate
060	
061	public void CommandNXT(int ORDER){
062	if(DATAOu==null){
063	return;
064	}

```
065    try {
066            DATAOu.writeInt(ORDER);
067        } catch (IOException e) {
068            // TODO Auto-generated catch block
069            e.printStackTrace();
070        }
071    }//CommandNXT
```

STEP3 建立藍牙連線方法：

creatNXTConnect 為建立藍牙連線方法，寫法跟第 9 章 < 按鈕控制 > 大同小異，唯一不同的地方在於第 93 和 94 兩行，第 93 行實體化了 readThread 類別，實體為 mThread。在第 94 行中我們使用類別的 start( ) 方法啟動執行緒。因為用到了資料串流，第 95~97 行的例外處理就必須實做出來，使用 Eclipse 為開發環境的讀者這幾行會自動提醒並產生。

```
073    public void creatNXTConnect(){
074        try {
075            BluetoothAdapter BTAdapter = BluetoothAdapter.getDefaultAdapter();
076            if(BTAdapter==null){
077            Toast.makeText(this,"No Device found!",Toast.LENGTH_SHORT).show();
078            finish();
079            }
080            BluetoothDevice  BTDevice = null;
081            Set<BluetoothDevice> BTList = BTAdapter.getBondedDevices();
082            if(BTList.size()>0){
083            for(BluetoothDevice TempoDevice : BTList){
084                if(TempoDevice.getName().equals(editText.getText().toString())){
085                    BTDevice = TempoDevice;
086                }
087            }
088            }
089            BTSocket = BTDevice.createRfcommSocketToServiceRecord(UUID.
fromString("00001101-0000-1000-8000-00805f9b34fb"));
090            BTSocket.connect();
091            DATAOu = new DataOutputStream(BTSocket.getOutputStream());
092            CommandNXT(START*100000);//為了配合資料合併的格式因此乘上100000
```

```
093        mThread = new readThread();
094        mThread.start();
095      } catch (IOException e) {
096          Toast.makeText(this, "Wrong", Toast.LENGTH_LONG).show();
097      }
098  }//creatNXTConnect
```

STEP4 覆寫感應器事件監聽的方法：

在STEP1中我們直接在Activity實做SensorEventListener介面，因此必須覆寫兩種方法，分別為onAccuracyChanged(Sensor sensor, int accuracy)和onSensorChanged(SensorEvent event)，Eclipse為開發環境的讀者會自動提醒並跑出來。第107~108行讀取了event的資料成員value[1]和value[2]就能得到Pitch和Roll的轉動角度，並利用TextView顯示在螢幕上。第109行是參考用的介面，當count為0的時候代表資料從手機傳出，1的時候代表資料從NXT傳出。

```
101    public void onAccuracyChanged(Sensor sensor, int accuracy) {}
102            // TODO Auto-generated method stub
103    @Override
104    //對感應器的讀值做處理
105    public void onSensorChanged(SensorEvent event) {
106            // TODO Auto-generated method stub
107        textView_2.setText("The forward is "+event.values[1]);
108        textView_3.setText("The turn is    "+event.values[2]);
109        textView_4.setText("The check is    "+count);
```

STEP5 調整轉動向量：

第111~112行是對Pitch和Roll向量做調整。當兩者讀值小於五度的時候機器人前進(forward)跟轉彎(turn)的量值就為0。10-4節中提到對機器人的四個運動方向分別定義出指令來，機動程式端我們定義出六種指令，分別是：STOP_ALL = 0,START = 6,RUN_PP = 2,RUN_PN = 3,RUN_NP = 4, RUN_NN = 5;

```
111            turn = Math.abs(event.values[2])>5 ? Math.abs((int) (event.values[2])):0;
112            forward = Math.abs(event.values[1])>5 ? Math.abs((int)(event.values[1])):0;
```

第113行檢查 BTSocket 是否存在，且 count 為0才是 true。其實在連線建立時 BTSocket 就不等於 null 了，重點是 count 這個變數。第117行可以看出，在第116行傳完數值給 NXT 後 count 就會為1，這樣一來就必須等待第146行的執行緒讀取 NXT 的訊息，當讀取到 NXT 端傳回的整數1後，第147行使 count 的數值又變回0，因此又能執行程式第113~118行的內容 onSensorChange 事件是一直被觸發的，第45行指定更新頻率為 SENSOR_DELAY_GAME，第115行是合併傳輸的關鍵，作法請參考10-4小節。

```
113    if(BTSocket != null && count == 0){
114        command  = ((event.values[1]>0)? ((event.values[2]>0)?RUN_PP :
       RUN_PN):((event.values[2]>0)? RUN_NP : RUN_NN));
115        order = command*100000+turn*1000+forward*10+1;
116        CommandNXT(order);
117        count=1;
118    }
```

第138行我們實做了一個 InnerClass 的 readThread 執行緒，該執行緒繼承 Thread 類別；其資料成員是 check。第143~149行我們建立了無限迴圈不停讀取 NXT 端傳出的數值，第146行代表如果讀取到 check 等於1，則 count 又會變成0，這樣會與程式第113行呼應。因為是內部類別，所以 count 為共用的變數。這裡要注意的是第94行是使用 start 方法來啟動執行緒，如果第97行改寫成 mThread.run() 的話系統並不會建立新的執行緒，只會單純地執行 run 方法。

```
138    class readThread extends Thread{
139        int check=0;
140        public void run(){
141            try {
142                DATAIn = new DataInputStream(BTSocket.getInputStream());
143                while(true){
144                    if(count == 1){
145                        check = DATAIn.readInt();
146                        count = (check == 1)?0:1;
147                        check=0;
```

【 PROJECT──翻轉控制 】

187

```
148                 }
149             }
150         } catch (IOException e) {
151             // TODO Auto-generated catch block
152             e.printStackTrace();
153         }
154     }
155 }//Thread
```

STEP8 ： 設定螢幕為垂直握持

最後要在AndroidManifest.xml的第7行中加上android:screenOrientation="portrait"指令碼， 這樣翻轉手機時螢幕才不會轉動， 或者也可以在手機的「設定→顯示」功能完成。

```
001  <?xml version="1.0" encoding="utf-8"?>
002  <manifest xmlns:android="http://schemas.android.com/apk/res/android"
003      package="kevin.orientation"
004      android:versionCode="1"
005      android:versionName="1.0">
006    <application android:icon="@drawable/icon1" android:label="@string/app_name">
007      <activity android:name=".OrientationMain"
008          android:label="@string/app_name"
009          android:screenOrientation="portrait"
010          >
011
012        <intent-filter>
013          <action android:name="android.intent.action.MAIN" />
014          <category android:name="android.intent.category.LAUNCHER" />
015        </intent-filter>
016      </activity>
017
018    </application>
019    <uses-sdk android:minSdkVersion="7" />
020    <uses-permission android:name="android.permission.BLUETOOTH_ADMIN" />
021    <uses-permission android:name="android.permission.BLUETOOTH" />
022  </manifest>
```

【 PROJECT — 翻轉控制 】

10-8.NXT 端程式

Ch10_NXTOrienControl.java

　　NXT端的程式主要是負責接收輸入串流、解碼、執行機器人動作和傳回確認訊息。如果在解碼中發現判斷的參數不為1則不會執行該動作。接收完輸入串流並執行完動作後(也包含指令錯誤而不執行動作)，機器人會傳回數值為1的整數給Android手機，再傳回一筆資料。

STEP1 解讀密碼：

　　第22~29行為NXT解碼過程，請參考10-4節。

022	command = datain.readInt();
023	order = command/100000; //取得 order
024	command = command%100000;
025	turn = (command/1000)*10; //取得 turn
026	command = command%1000;
027	forward = (command/10)*10; //取得 forward
028	command = command%10;
029	check = command;

STEP2 執行指令碼：

　　第30~69行是判讀指令，如果指令無誤(確認參數為1)則執行switch內的各個case指令，讓機器人執行不同動作（圖10-6）。

030	if(check==1){
031	switch(order){
032	case 0: //STOP
033	Motor.A.stop();
034	Motor.B.stop();
035	System.exit(1);
036	break;
037	case 6: //START
038	Motor.A.setSpeed(0);
039	Motor.B.setSpeed(0);
040	break;
041	case 2: //PP，左前方前進

042	Motor.A.setSpeed(forward+turn);
043	Motor.B.setSpeed(forward-turn);
044	Motor.A.forward();
045	Motor.B.forward();
046	break;
047	case 3: //PN，右前方前進
048	Motor.A.setSpeed(forward-turn);
049	Motor.B.setSpeed(forward+turn);
050	Motor.A.forward();
051	Motor.B.forward();
052	break;
053	case 4: //NP，左後方前進
054	Motor.A.setSpeed(forward+turn);
055	Motor.B.setSpeed(forward-turn);
056	Motor.A.backward();
057	Motor.B.backward();
058	break;
059	case 5: //NN，右後方前進
060	Motor.A.setSpeed(forward-turn);
061	Motor.B.setSpeed(forward+turn);
062	Motor.A.backward();
063	Motor.B.backward();
064	break;
065	default:
066	System.out.println("No command");
067	break;
068	}
069	}

STEP3 傳回確認指令：

　　第70行為回傳指令，NXT傳回整數1告知Android端可以再次送出命令。第71行為清除內存以免溢位、第72行將check設為0並和第30行呼應，機器人必須等待下一串指令無誤才能再度動作。

070	dos.writeInt(1);
071	dos.flush();
072	check=0;

10-9.總結

　　合併資料傳輸通常使用在工業控制上面，當送出一串指令後，必須等待機器回應並確認執行才會在傳出下一道指令。在本章中使用參數1當作確認指令，並將它與其他資料合併；當機器人解碼得知確認指令為1時就代表該組指令無誤，機器人會正確執行動作並回傳數值1給手機，告知可以輸出下一道指令了。資料合併的方式有很多種，舉例來說利用合併字串的方式或是字元的方式都可以，確認指令也不一定是整數1，這些都可由您自行定義。

　　下一章開始將介紹如何透過Android手機上的觸控畫面來控制機器人，分為單點觸控、多點觸控以及手勢控制等課題，快點翻頁吧！

CHAPTER
{ 11 }

〔PROJECT──TouchPad單點觸控面板〕

1. 觸控點
2. 座標轉換馬達電力

程式難度：難
機構難度：易

1.觸控點
2.座標轉換馬達電力

程式難度：難
機構難度：易

11-1. 引言

　　本章將在觸控螢幕上以拖拉觸控點的方式來控制機器人的方向。事實上，Android 系統支援了多點觸控方法，因此我們將在第13章專題 <Tank Control 多點觸控> 介紹如何搭配多點觸控方法，以兩手的拇指來控制機器人的動作。

11-2. 系統介紹

　　我們在手機端設計一個簡單的觸控介面，利用手指來拖動這個觸動點並透過藍牙通訊來控制 NXT 機器人。觸控點距離螢幕中心愈遠，機器人運動的速度就愈快，這是藉由將觸控點座標轉換為機器人左右馬達的電力來達成的。

11-2-1 機器人本體

　　建議您組裝一台雙馬達機器人，您可以自行設計或使用本書附錄A之範例機器人，如圖11-1。

圖 11-1 範例機器人

11-3. 手機端程式

<EX11-1>TouchPadControl

手機端程式牽涉到的東西就比較多了，我們延續第9章的
第二版程式<ButtonControl_2>，為了維持畫面簡潔，我們
先設計一個登入畫面（圖11-3a）。請注意由於機器人的轉彎
效果會受到許多因素影響，例如車寬（驅動輪輪距）、輪徑
與摩擦力等等，因此我們多設計了一個Width欄位來指定車
寬，單位為公厘mm。

圖11-2 56x26mm 輪胎

另一方面由於大部分的NXT使用者都使用56x26mm這個輪胎（圖11-2），本書的範例
機器人也是使用它，因此不再額外設定，當然您可以再新增一個欄位來動態指定輪徑讓
您的程式更靈活。輸入NXT主機名稱之後請按下「Connect NXT」按鈕，連線成功即會進
入觸控控制畫面，如圖11-3a、圖11-3b。

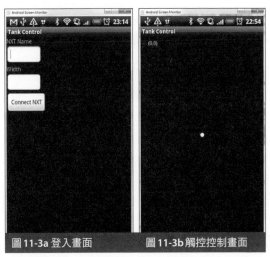

圖11-3a 登入畫面　　圖11-3b 觸控控制畫面

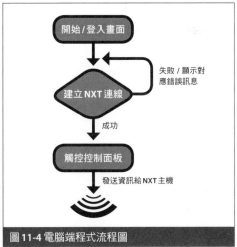

圖11-4 電腦端程式流程圖

11-3-1 程式架構

手機端的程式流程圖請參考圖11-4，進入登入畫面後會測試是否成功建立NXT連線，
如果失敗會顯示對應的錯誤訊息，例如主機名稱不存在或是連線錯誤等等。連線成功之
後就會進入觸控控制面板，並持續發送觸控點的座標資訊給NXT主機：

PART1：初始設定

首先宣告各個相關變數，包含處理藍牙連線的adapter與nxtSocket，以及用來處理串流資料的nxtDataIn與nxtDataOut，最後則是用來判斷模式的MODE_CONNECT_NXT、MODE_CONTROL與mode等變數。

```
032    private ControlPanel controlPanel;
033    private BluetoothAdapter adapter;
034    private BluetoothSocket nxtSocket;
035    public DataInputStream nxtDataIn;
036    public DataOutputStream nxtDataOut;
037    public final int MODE_CONNECT_NXT = 0, MODE_CONTROL = 1;
038    private int mode;
```

PART2：Oncreate

在onCreate中初始化了觸控畫面（第47行）以及藍牙設定（第50行）。如果系統找不到對應的藍牙發射器會顯示「No Bluetooth adapter found」字樣，代表發生錯誤（第53行）。一旦順利建立了藍牙連線就會以一個新的Intent進入到觸控控制畫面。

```
040    @Override
041      public void onCreate(Bundle savedInstanceState)
042      {
043        super.onCreate(savedInstanceState);
044        setContentView(R.layout.main);
045
046        //初始化介面
047        controlPanel = new ControlPanel(this, this);
048
049        //初始化藍牙
050        adapter = BluetoothAdapter.getDefaultAdapter();
051        if(adapter==null)
052        {
053          Toast.makeText(this, "No Bluetooth adapter found", Toast.LENGTH_SHORT).
show();
054          this.finish();
055        }
```

```
056    if(!adapter.isEnabled())
057        startActivityForResult(new Intent(BluetoothAdapter.
ACTION_REQUEST_ENABLE), 1);
058
059    setMode(MODE_CONNECT_NXT);
060
061    }
```

以下我們就分成不同部分來實作。另外 onStart 與 OnResume 中無特別指令,因此不再多做説明。

PART3:connectNxt

connectNxt 方法是用來處理與 Nxt 進行藍牙連線的各樣設定,我們在這個類別中定義了各種在藍牙連線中可能出現的狀況以及對應的動作。請注意如果沒有考慮到所有的狀況,則當例外發生時則很可能需要強制結束程式,這並非良好的程式設計方法。

第85行是擷取 editNxtName 這個 EditText 欄位中的資訊,也就是使用者所輸入的NXT主機名稱;如果本欄位為空,則顯示「Please provide the name of your NXT」;如果裝置清單為0也就是使用者沒有先將手機與任何一台NXT主機配對的話,則顯示「No devices found」;最後如果未找到使用者所輸入的NXT主機名稱,則顯示「NXT not found」。

如果皆無出現上述錯誤,代表已經順利完成連線(手機螢幕會顯示「Connected」),會在第117行建立 nxtsocket,並將模式設定為MODE_CONTROL(第128行)後進入觸控控制畫面。為了抓出可能發生的例外,我們使用 try-catch 結構來包住整個建立 nxtsocket 的過程,如果發生任何例外就顯示「Connection failure」。

```
076    //連接NXT
077    private void connectNxt()
078    {
079        if(mode!=MODE_CONNECT_NXT) //檢查模式
080        throw new IllegalArgumentException();
081
082        String name;
083        BluetoothDevice nxt = null;
084
085        if((name = ((EditText) findViewById(R.id.editNxtName)).getText().toString()).
equals("")) //檢查是否為空字串{
```

```
086         Toast.makeText(this, "Please provide the name of your NXT", Toast.
      LENGTH_SHORT).show();
087         return;
088      }
089
090      Set<BluetoothDevice> devicesSet = adapter.getBondedDevices(); //取得裝置清單
091
092      if(devicesSet.size()==0) //找不到裝置
093      {
094         Toast.makeText(this, "No devices found", Toast.LENGTH_SHORT).show();
095         return;
096      }
097
098      for (BluetoothDevice device : devicesSet) //搜尋裝置
099      {
100         if (device.getName().equals(name))
101         {
102         nxt = device;
103            break;
104         }
105      }
106
107      if(nxt==null) //找不到裝置
108      {
109         Toast.makeText(this, "NXT not found", Toast.LENGTH_SHORT).show();
110         return;
111      }
112
113      try
114      {
115             //建立nxt socket
116             nxtSocket = nxt.createRfcommSocketToServiceRecord(UUID.
      fromString("00001101-0000-1000-8000-00805F9B34FB"));
117             nxtSocket.connect();
118             nxtDataOut = new DataOutputStream(nxtSocket.getOutputStream());
119             nxtDataIn = new DataInputStream(nxtSocket.getInputStream());
```

```
120                }
121          catch(IOException e)
122            {
123            Toast.makeText(this, "Connection failure", Toast.LENGTH_SHORT).show();
124            return;
125            }
126
127            Toast.makeText(this, "Connected", Toast.LENGTH_SHORT).show();
128            setMode(MODE_CONTROL);
129        }
```

PART4：set Mode

setMode類別用來設定手機畫面，透過mode這個變數來決定現在是處於NXT連線畫面（MODE_CONNECT_NXT）或是觸控控制畫面（MODE_CONTROL）。如果是MODE_CONNECT_NXT，則畫面為main.xml，反之MODE_CONTROL就會把畫面切換到ControlPanel，請看以下説明：

```
133      //設定模式
134      public void setMode(int _mode)
135      {
136       mode = _mode;
137       if(mode==MODE_CONNECT_NXT)
138       {
139           setContentView(R.layout.main);
140           ((Button) findViewById(R.id.buttonConnect)).setOnClickListener(new Button.
OnClickListener() {
141               public void onClick(View arg0) {connectNxt();}
142           });
143       }
144       else if(mode==MODE_CONTROL)
145       {
146           setContentView(controlPanel);
147       }
148       else //非法參數
149           throw new IllegalArgumentException();
150      }
```

11-3-2 切換到ControlPanel觸控面板

PART5：*ControlPanel初始設定*

ControlPanel類別是用來處理觸控點以及它的各種行為，我們在第156行至第159行宣告了相關的變數。包括觸控點的X座標與Y座標：(x, y)；計算螢幕中心的(centerX,centerY)；與機器人速度與指向有關的speed、angle、speedL與speedR；再來是處理螢幕繪製功能的paint物件，最後則是宣告一個core物件，它可以被TankControl類別來存取，包括呼叫或改變變數值等等。進入實作的ControlPanel函式中，我們進一步完成了相關的畫面設定。

```
154    class ControlPanel extends View implements OnTouchListener
155    {
156        double x, y, centerX, centerY;
157        int speed, angle, speedL, speedR;
158        Paint paint = new Paint();
159        TankControl core;
160
161        public ControlPanel(Context context, TankControl _core)
162        {
163            super(context);
164            core = _core;
165
166            setFocusable(true);
167            setFocusableInTouchMode(true);
168            this.setOnTouchListener(this);
169            paint.setColor(Color.WHITE);
170            paint.setAntiAlias(true);
171        }
```

PART6：*onSizeChnaged與onDraw*

onSizeChanged函式中定義了螢幕的中心點，這是透過擷取螢幕的X、Y解析度並將其除以2來得到螢幕的中心點座標。接著在onDraw函式中建立觸控點，這是藉由在第183行的 canvas.drawCircle() 來畫出一個白色的實心圓，大小為5個像素。第184行的canvas.drawText()則是將計算後的速度（speed）與指向角度（angle）顯示在手機畫面上。

```
173    protected void onSizeChanged(int w, int h, int oldw, int oldh)
174    {
175        super.onSizeChanged(w, h, oldw, oldh);
176        centerX = w/2;
177        centerY = h/2;
178    }
179
180    public void onDraw(Canvas canvas)
181    {
182     super.onDraw(canvas);
183     canvas.drawCircle((float)x, (float)y, 5, paint);
184     canvas.drawText("("+speed+","+angle+")", 20, 20, paint);
185     //core.setMode(core.MODE_CONNECT_NXT);
186    }
```

PART7：onTouch

onTouch類別是本程式的核心,透過MotionEvent下的getAction函式來取得觸控點的各個事件狀態(第191行)。一個完整的觸碰動作共包含了三個事件:ACTION_DOWN、ACTION_MOVE以及ACTION_UP。ACTION_DOWN是指手指頭按下螢幕,ACTION_MOVE是指手指頭在螢幕上滑動,ACTION_UP則是手指頭離開螢幕。回顧一下高中數學,所有的方向都可以拆解成垂直與水平方向向量的組合,差別在於ACTION_UP與ACTION_DOWN這兩個點之間的向量和。

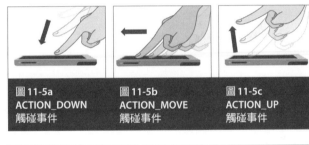

圖11-5a
ACTION_DOWN
觸碰事件

圖11-5b
ACTION_MOVE
觸碰事件

圖11-5c
ACTION_UP
觸碰事件

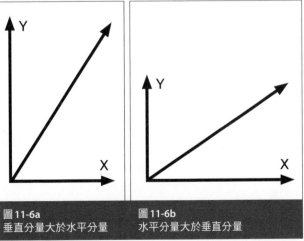

圖11-6a
垂直分量大於水平分量

圖11-6b
水平分量大於垂直分量

從第191行開始使用了event.getAction指令來擷取觸碰點的狀態,如果觸碰點狀態是
ACTION_DOWN與ACTION_MOVE,則擷取觸控點當下的座標。換句話説,觸碰點會直接
跳到我們點擊螢幕的任何一個地方,不必每次都從螢幕中心開始。反之如果觸碰點狀態
是ACTION_UP,代表手指已離開螢幕,則將觸碰點跳回螢幕中心。

```
188    public boolean onTouch(View view, MotionEvent event)
189      {
190
191      if(event.getAction()==MotionEvent.ACTION_DOWN || event.
         getAction()==MotionEvent.ACTION_MOVE)
192        {
193          x = event.getX();
194          y = event.getY();
195        }
196      else if(event.getAction()==MotionEvent.ACTION_UP)
197        {
198          x = centerX;
199          y = centerY;
200        }
```

我們透過觸控點的X、Y座標與螢幕中
心的距離來計算出機器人對應的速度(第
202行)。由於NXT馬達的電力最大值為
900度/秒,所以只要計算結果大於900就
一律限制在900(第204行至第205行)。
如果觸碰點位於圓周上,則此時速度為
900度/秒,換言之我們可透過比例來求得
觸碰點在不同位置時的對應電力強度,請
看圖11-7。

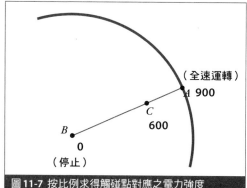

圖11-7 按比例求得觸碰點對應之電力強度

接著要計算觸碰點與中心點之連線角度,這裡使用反正切(Arc Tangent)函數來求得
正確角度,由於正切函數的值域為負無限大至正無限大,但我們希望角度的最終呈現結
果是0~359度。因此需要根據不同的象限進行必要的修正讓數字更漂亮順暢。首先,如
果反正切函數的計算結果為負數,則加上360度讓結果皆為正數。(請注意反正切函數的

單位為徑度，所以需要再乘以180/π 轉換為角度。

以第一象限為例，我們希望觸控點從螢幕中心沿著Y軸正向拉動到極點（圓周）時，左右輪速度為（v,v），代表機器人以最高速前進；從螢幕中心沿著X軸正向拉動到極點時，速度為（v,-v），代表機器人原地右轉。因此可以得到以下的關係式：

//第一象限
左輪速度：speedL = speed
右輪速度：speedR = speed/45*angle-speed

右輪速度可由angle=90°代入公式得speedR=speed，angle=0°代入公式得speedR= -speed，左輪速度是從內插法求得斜率為v–（-v）/（90–0）=v/45，再代入（90°,v）或（0°,-v）任一點即可求得左輪速度speedR，其餘象限之計算方法也是相同的概念，請看圖11-8說明。

接著請看到第233行，計算結果將透過資料串流方式送出，並使用了在第12章所用的小技巧將多筆資料乘以10的冪次方後結合成同一筆資料以減少資料遺失的狀況，並使

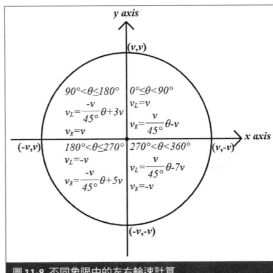

圖11-8 不同象限中的左右輪速計算

用try…catch結構來抓取可能發生的例外。舉例來說如果計算出來speedL與speedR為（900,870），則第233行的計算結果為09000870；如果是（-900,-870）則為19001870，使用1來標明負數，這種類似計算機概論中1補數的計算方法可以讓我們很方便地來表示正負數。最後使用invalidate()函式來重新呼叫onDraw以重置畫面（第236行），也就是說每次完成一次觸控動作之後，觸控點都會自動回到螢幕中心。

202	speed = (int)(Math.sqrt(Math.pow(x-centerX, 2) + Math.pow(y-centerY, 2))*900d/ Math.min(centerX, centerY));//speed = event.getAction();
203	
204	if(speed>900)

```
205        speed = 900;
206
207    angle = (int) (Math.atan2(centerY-y, x-centerX)*180/Math.PI);
208    if(angle<0)  //角度負數處理
209        angle = 360+angle;
210
211    if(angle>=0 && angle<=90)  //第一象限
212    {
213        speedL = speed;
214        speedR = speed/45*angle-speed;
215    }
216    else if(angle>90 && angle<=180)  //第二象限
217    {
218        speedL = -speed/45*angle+3*speed;
219        speedR = speed;
220    }
221    else if(angle>180 && angle <=270)  //第三象限
222    {
223        speedL = -speed;
224        speedR = -speed/45*angle+5*speed;
225    }
226    else  //第四象限
227    {
228        speedL = speed/45*angle-7*speed;
229        speedR = -speed;
230    }
231
232    try {
233            core.nxtDataOut.writeInt((speedL<0 ? 1 : 0 )*10000000 + speedL*10000 +
    (speedR<0 ? 1 : 0 )*1000 + Math.abs(speedR));
234        } catch (IOException e) {}
235
236    invalidate();
237        return true;
238    }
```

到此手機端的程式已經完成了，稍後啟動程式並與機器人藍牙連線後就可看到如圖11-8的觸控控制面板。請接續下一段來學習如何編寫機器人端程式。

11-4. NXT 端程式

<ch11_NXT.java>

NXT機器人在本專題中扮演slave的被動角色，程式架構較為簡單，只有不到50行的程式，NXT端程式流程如圖11-10所示，請看以下的分段說明：

圖11-9 程式運作中會即時顯示
speed 與 **angle** 計算結果

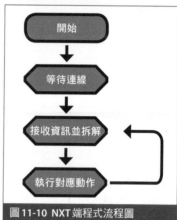

圖 11-10 NXT 端程式流程圖

11-4-1 宣告變數、等待連線
PART1：
程式首先定義需用的各個變數，包含用來處理NXT藍牙連線的conn、輸入資料串流的dataIn、輸出資料串流的dataOut，最後是代表資料內容的cmd以及代表左右馬達電力的speedL與speedR。

```
012    NXTConnection conn;
013    DataInputStream dataIn;
014    DataOutputStream dataOut;
015    int cmd, speedL, speedR;
```

PART2：
接著在第17行至第21行等待Android手機發起藍牙連線，首先顯示「Wating...」字樣代表等候連線，一旦連線成功之後就顯示「Connected」字樣代表連線成功，並進入之後的迴圈來接收手機傳來的資料。

（ PROJECT──TouchPad 單點觸控面板 ）

```
017    LCD.drawString("Waiting...", 0, 0);
018    conn = Bluetooth.waitForConnection();
019    dataIn = conn.openDataInputStream();
020    dataOut = conn.openDataOutputStream();
021    LCD.drawString("Connected", 0, 0);
```

11-4-2 處理手機發送資訊

完成連線後，NXT用無窮迴圈不斷接收電腦的命令。一開始在第26行接收電腦的命令，接下來從第27到28行是將手機傳來的資訊拆解出來並指派為左右馬達的電力。如果發生了某些狀況始迫使連線中斷，就會拋出IOException例外，因此我們用try⋯catch結構來抓取while迴圈所產生的例外來結束程式。

為了避免藍牙傳輸資訊的過程中發生資料遺漏的狀況，我們將觸控點的X座標與Y座標結合成一個整數再送出。手機如何將觸控點座標組合在同一筆資料中，請回顧先前說明。

在第27行中，我們透過將cmd先除以10000（代表右移4位數）再取1000的餘數就可以得到手機觸碰點的X座標，將其指定為左馬達的電力。至於第28行則是直接將cmd取1000的餘數即可得到手機觸碰點的Y座標，再指定為左馬達的電力即可。

```
026    cmd = dataIn.readInt();
027    speedL = cmd/10000%1000 * (cmd/10000000==1 ? -1 : 1 );
028    speedR = cmd%1000 * (cmd/1000%10==1 ? -1 : 1 );
029
030    Motor.B.setSpeed(Math.abs(speedL));
031    Motor.C.setSpeed(Math.abs(speedR));
```

終於完成了！請將手機端程式透過Eclipse安裝到您的手機，並在cmd下對<ch11_NXT.java>進行編譯後安裝到NXT主機上，如以下步驟：

```
C:\>nxjc ch11_NXT.java
C:\>nxj ch11_NXT
```

執行程式時請先執行NXT端的程式，讓它等候手機對它發起連線要求。連線成功就會出現觸控控制畫面，當我們點擊手機螢幕時，左上角的括弧會顯示馬達轉動速度與角度這兩筆資訊。以上頁的圖11-9來說即代表馬達轉動速度為723度/秒，機器人指向角度為147度（X軸正向為0度）。

11-5. 總結

　　本章利用了手機的觸碰功能來控制機器人的動作，相信您已經體會到同樣是控制機器人，方法卻是千變萬化。從第12章到第14章我們將介紹如何利用樂高原廠所提供的低階控制指令來控制機器人，意即可在機器人端無slave程式的情況下來控制機器人的動作，因此也不用更新NXT韌體。只要讓手機與NXT機器人建立藍牙連線之後再啟動程式即可控制，非常方便。

CHAPTER
{ 12 }

〔PROJECT──TouchPad control直接控制〕

1.觸控點，座標擷取 **2.NXT** 底層控制指令
程式難度：難 機構難度：易

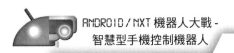

1.觸控點，座標擷取
2.NXT 底層控制指令

程式難度：難
機構難度：易

12-1. 引言

本章延續上一章的單點觸控面板來控制機器人，不同之處在於NXT端將不再有slave
程式與Android手機進行溝通。我們將使用樂高提供的藍牙開發套件Appendix 2-LEGO
MINDSTORMS NXT Direct commands（可於本書網站下載）中的直接指令來控制機器人。
由於直接指令屬於更貼近底層的低階控制指令，因此只要手機與NXT主機建立藍牙連線
之後就可以控制機器人了。

12-2. 機器人介紹

本章使用之範例機器人之組裝與操作方法與第
12章相同，請自行組裝一台雙馬達機器人，您可
以自行設計或使用本書附錄A之範例機器人，如
圖12-1。

圖 12-1 範例機器人

12-3. 樂高藍牙開發套件中的直接控制指令

樂高MINDSTORMS官方網站上提供了各種開發者所需的文件，因此有興趣且有實力的
玩家可以自行設計符合自己需求的NXT韌體，例如leJOS與NXC就有各自專屬的韌體，
前者可以讓NXT執行Java程式，後者則是在C語言的基礎上更加解放了NXT的性能。

請到樂高MINDSTORMS
官網的Support頁面（圖
12-2a）， 在File→Advanced
類別下找到藍牙開發套
件（Bluetooth Developer
Kit），如圖12-2b。將檔案
下載後解壓縮，我們需要
參考的是其中的直接指令
說明文件Appendix 2-LEGO
MINDSTORMS NXT Direct
commands。

圖 12-2a 樂高 MINDSTORMS 官網的 Support 頁面

圖 12-2b File→Advanced 下的藍牙開發套件

12-3-1 整體架構

我們可以透過有線及無線傳輸，也就是USB與藍牙來控制NXT主機。在上一章使用了
Master/Slave架構，讓NXT機器人上執行一個leJOS程式來持續接收從Android手機傳來
的訊號，並接著執行對應的動作。本章將進一步使用樂高MINDSTORMS NXT的通訊協定
（Appendix 1-LEGO MINDSTORMS NXT Communication protocol）。下圖為一般的通訊封包
架構：

Byte0	Byte1	Byte2	Byte3	…	ByteN

圖 12-3 一般通訊封包架構

〔 PROJECT──TouchPad control 直接控制 〕

　　樂高原廠將 NXT 的直接指令分為數個大項，我們將直接指令的完整說明列於本書附錄 B，本章僅列出需用到的 SETOUTPUTSTATE 欄位，請看表 12-1：

表 12-1 NXT 直接指令中的輸出端設定

SETOUTPUTSTATE （＊位元內容請續參閱表 12-2）	設定輸出端狀態	位元 0：0x00 或 0x80 位元 1：0x04 位元 2：輸出端（0-2 依序代表輸出端 A-C，或以 0xFF 代表所有輸出端）。 位元 3：電力（-100~100） 位元 4：模式 ＊ 位元 5：控制模式 ＊ 位元 6：轉彎百分比 位元 7：執行狀態 ＊ 位元 8-12：角度感應器限制	位元 0：0x02 位元 1：0x04 位元 2：狀態位元

表 12-2 SETOUTPUTSTATE 參數說明

參數	控制碼	說明
模式 Mode（位元 4）		
MOTORRUN	0x01	啟動指定馬達
BRAKE	0x02	在 PWM 下切換轉動 / 煞車
REGULATED	0x04	啟動控制模式
控制模式 Regulation Mode（位元 5）		
REGULATION_MODE_IDLE	0x00	無控制模式
REGULATION_MODE_MOTOR_SPEED	0x01	速度控制模式
REGULATION_MODE_MOTOR_SYNC	0x02	同步控制模式
執行狀態 RunState（位元 7）		
MOTOR_RUN_STATE_IDLE	0x00	輸出端將停止
MOTOR_RUN_STATE_RAMPUP	0x10	輸出端將提高轉速
MOTOR_RUN_STATE_RUNNING	0x20	輸出端將持續運轉
MOTOR_RUN_STATE_RAMPDOWN	0x40	輸出端將降低轉速

12-4. 手機端程式

<EX12-1>TouchPadControlDirect

延續上一章的程式碼，但我們將手機
畫面再弄得人性化一點。螢幕上會有一
個綠色圓圈，代表觸碰點計算的邊界，
圓周上的點就是馬達轉速最大值，這時
再把觸碰點拉出圓外也不會使機器人變
快。另外就是我們加大了左右輪數值的
字體以及觸碰點的大小，這樣在操作的
時候就更方便了。請注意和第11章相
比，本章範例移除了輪胎直徑的設定，
代表都是使用56 x 26mm這顆輪胎，如
果需要可在程式中修正。

圖 12-5a 登入畫面

圖 12-5b 新版觸控畫面

12-4-1 程式架構

手機端的程式流程圖請參考圖12-5，
進入登入畫面後會測試是否成功建立
NXT連線，如果失敗會顯示對應的錯誤
訊息，例如主機名稱不存在或是連線錯
誤等等。連線成功之後就會進入觸控控
制面板，並持續發送觸控點的座標資訊
給NXT主機。

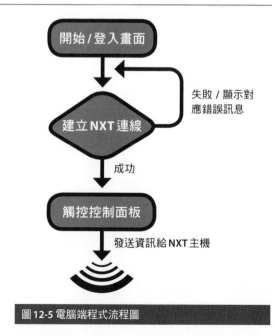

開始/登入畫面

失敗/顯示對
應錯誤訊息

建立 NXT 連線

成功

觸控控制面板

發送資訊給NXT主機

圖 12-5 電腦端程式流程圖

【PROJECT──TouchPad control 直接控制】

> **PART1：初始設定**

> **PART2：Oncreate**

> **PART3：connectNXT**

> **PART4：set Mode**

本章的手機端程式是由第11章的程式修改而來，因此 PART1 到 PART4 是相同的，請讀者回顧第11章或直接開啟程式碼檢閱即可。

> **PART5：writeSpeed**

writeSpeed 是本程式的核心，也是達成直接控制 NXT 機器人的關鍵。第137行與第138 會將 PART8 onTouch 中左右馬達電力的計算結果以 byte array 的方式送出，NXT 主機只要與 Android 手機建立藍牙連線後即可在無 slave 程式的情況下接收訊息並執行動作。請注意整個 byte array 為 28 個 byte，前 14 個為左馬達的 SetOutputState 指令，後 14 個為右馬達的 SetOutputState 指令（拆成兩行是為了讀者閱讀方便）。每一筆 SetOutputState 指令需要 12 個 byte，再加上兩個 byte 的藍牙標頭（0x0c, 0x00）則共為 14 個 byte。根據表 12-1 與表 12-2，byte2 的值為 0x02，代表 C 馬達；byte3 的位置值 speedL/9，代表將 onTouch 回傳的 speedL 計算結果除以 9 之後方符合直接控制指令之電力合法範圍。其餘欄位請自行參照表 12-1 與 12-2。

進到第 140 行的 try…catch 後，會持續透過 nxtDataOut.write( ) 將 137 行之 data 位元陣列送出，如果有發生任何例外的話則由後續的 catch 來處理並顯示錯誤訊息。

134	public synchronized void writeSpeed(int speedL, int speedR)
135	{
136	//要送出的byte陣列
137 ...	byte[] data = { 0x0c, 0x00, (byte) 0x80, 0x04, 0x02, (byte)(speedL/9), 0x07, 0x00, 0x00, 0x20, 0x00, 0x00, 0x00, 0x00,
138 ...	0x0c, 0x00, (byte) 0x80, 0x04, 0x01, (byte)(speedR/9), 0x07, 0x00, 0x00, 0x20, 0x00, 0x00, 0x00, 0x00 };
139	
140	try
141	{
142	nxtDataOut.write(data);
143	}
144	catch (IOException e)
145	{

C馬達　　計算電力

```
146        e.printStackTrace();
147        Toast.makeText(this, "Disconnected", Toast.LENGTH_SHORT).show();
148        setMode(MODE_CONNECT_NXT);
149    }
150 }
```

12-4-2 切換到 ControlPanel 觸控面板

PART6：ControlPanel 初始設定

ControlPanel 類別是用來處理觸控點以及它的各種行為，在第155行至第158行宣告了相關的變數。包括觸控點的X座標與Y座標：X（x, y）；計算螢幕中心的（centerX,centerY）；與機器人速度與指向有關的speed、angle、speedL與speedR；再來是處理螢幕繪製功能的paint物件，最後則是宣告一個core物件，它可以被TankControl來存取，包括呼叫或改變變數值等等。進入實作的ControlPanel函式中（161行），我們進一步完成了相關的畫面設定。

```
153 class ControlPanel extends View implements OnTouchListener
154 {
155     double x, y, centerX, centerY;
156     int speed, angel, speedL, speedR;
157     Paint paint = new Paint();
158     TouchPadControl core;
159
160     //建構子
161     public ControlPanel(TouchPadControl _core)
162     {
163         super((Context)_core);
164         core = _core;
165
166         setFocusable(true);
167         setFocusableInTouchMode(true);
168         this.setOnTouchListener(this);
169
170         //設定paint
171         paint.setTextSize(20);
```

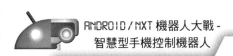

```
172        paint.setStrokeWidth(3);
173        paint.setAntiAlias(true);
174    }
```

PART7：onSizeChnaged 與 onDraw

　　onSizeChnaged 函式中定義了螢幕的中心點，這是透過擷取螢幕的 X、Y 解析度並將其除以 2 來得到螢幕的中心點座標。為了閱讀方便，和第 11 章的程式相比，我們做了一點修改：第 189-191 行中繪製了一個綠色圓圈來表示電力計算的邊界，如果觸碰點超出圓圈外，則最大電力計算結果會在 onTouch 中被限制在 900。接著第 194-196 行中，藉由 canvas.drawCircle( ) 來畫出大小為 10 個像素的黃色觸碰點。第 199-200 行則是將計算後的左右馬達速度（speedL、speedR）顯示在手機畫面上。請注意，第 12 章所顯示的為馬達電力 speed 與機器人轉角 angle。

```
176    //螢幕尺寸變更事件
177    protected void onSizeChanged(int w, int h, int oldw, int oldh)
178    {
179        super.onSizeChanged(w, h, oldw, oldh);
180        centerX = w/2;
181        centerY = h/2;
182    }
183
184    public void onDraw(Canvas canvas)
185    {
186        super.onDraw(canvas);
187
188        //畫控制邊界
189        paint.setColor(Color.GREEN);
190        paint.setStyle(Paint.Style.STROKE);
191        canvas.drawCircle((float)centerX, (float)centerY, (float) Math.min(centerX, centerY),
paint);
192
193        //畫控制點
194        paint.setColor(Color.YELLOW);
195        paint.setStyle(Paint.Style.FILL_AND_STROKE);
196        canvas.drawCircle((float)x, (float)y, 10, paint);
```

```
197
198        //顯示左右輪轉速
199        paint.setColor(Color.WHITE);
200        canvas.drawText("("+speedL+","+speedR+")", 20, 20, paint);
201    }
```

PART8：onTouch

　　onTouch中要計算觸碰點與螢幕中心的距離，並使用反三角函數推算出夾角，使用這兩筆資訊來推算出機器人左右馬達的電力。由於onTouch與第11章程式內容相同，故在此不再贅述。

　　執行程式時請先確認您所要控制的NXT是否已列在手機的藍牙裝置清單之中，確認之後直接執行手機端程式即可。連線成功後就會出現如圖12-5b的觸控控制畫面。與第12章不同的地方在於括弧中的資訊在第11章為（馬達轉動速度, 角度），本章是簡單顯示左右馬達電力，以圖12-6a來說即代表左右馬達轉動速度分別為（ 900, 900 ），900為leJOS中對於馬達電力的最大設定值。但請注意本章使用的直接控制指令對於馬達電力的範圍為-100~100，因此需要將計算結果除以9之後再送出，請參考PART5的第137、138行。

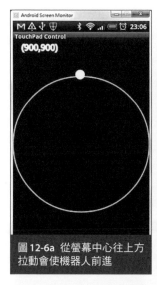

圖12-6a 從螢幕中心往上方拉動會使機器人前進

圖12-6b 如果超出圓圈外則會將最大電力線限制在900

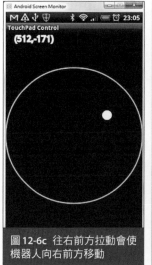

圖12-6c 往右前方拉動會使機器人向右前方移動

圖12-6d 中心向左拉動會使機器人原地左旋轉

12-5.總結

　　本章利用了樂高提供的低階控制指令來控制機器人，如此一來即可在機器人端無任何程式的情況下透過手機來控制機器人的動作，當然也不需要更換韌體版本，非常方便。

　　相信您已經體會到同樣是控制機器人，方法卻是千變萬化。下一章我們將以多點觸控的方式，分別用兩隻手指來控制機器人左右馬達電力，是另一種有趣的觸控控制方法。

CHAPTER
{ 13 }

〔PROJECT──Tank control多點觸控〕

1. 多點觸控
2. NXT 底層控制指令
程式難度：難 機構難度：易

1. 多點觸控
2. NXT 底層控制指令

程式難度：難
機構難度：易

13-1. 引言

　　隨著觸控技術的成熟，相關設備已出現在我們生活周遭，例如購票機等終端系統、部分數位相機也將傳統的轉盤或按鈕轉換為建置在觸控螢幕上繪製的各種介面，跳脫了硬體的限制而展現了無限的彈性與延伸可能。

　　以個人數位裝置或是所謂的智慧型手機而言，蘋果公司的 iPhone 對於這個產業的工業設計以及使用者習慣來說是一個非常重要的分水嶺。在第一代 iPhone 上市之前，智慧型手機大部分皆以掀蓋式或滑蓋式為主，並多半配有實體小鍵盤，也有少部分採外接式實體鍵盤。但實體鍵盤有兩個主要的缺點，即為按鍵過小且一旦按鍵故障則維修不易等狀況。然而 iPhone 面市之後即以超大觸控面板（3.5英吋）搭配極少化的實體按鍵，輔以直覺化的操作方式席捲了整個數位個人裝置產業。

　　多點觸控的技術在筆記型電腦的觸控板、智慧型手機以及近來相當熱門的平板電腦上尤為重要。搭配二指手勢，我們可以在觸控板上就完成網頁的上一頁與下一頁等動作，也可以對照片縮放或旋轉。

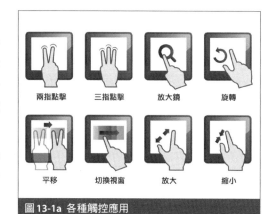

兩指點擊　　三指點擊　　放大鏡　　旋轉

平移　　切換視窗　　放大　　縮小

圖 13-1a 各種觸控應用

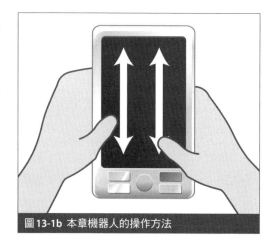

圖 13-1b 本章機器人的操作方法

本章延續上一章的單點觸控面板來控制機器人，不同之處在於使用了兩個觸控點來分別控制機器人左右馬達的轉速，操作起來就像遙控挖土機兩側的履帶一樣，相當有趣。至於觸控點總數量的上限則依硬體規格而定，例如本書作者所使用的HTC Desire為2點，較新款的Desire HD則高達5點。

13-2. 機器人介紹

　　本章使用之範例機器人之組裝與操作方法與第12章相同，請自行組裝一台雙馬達機器人，您可以自行設計或使用本書附錄A之範例機器人，如圖13-2。

圖 13-2 範例機器人

13-3. 手機端程式

<EX13-1> TankControlDirect

　　手機端程式一樣是從登入畫面開始，輸入欲連線的NXT主機名稱後請按下「Connect NXT」按鈕，連線成功即會進入觸控控制畫面，如圖13-3a與圖13-3b。

圖 13-3a 登入畫面

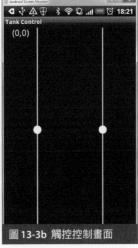

圖 13-3b 觸控控制畫面

13-3-1 程式架構

　　手機端的程式流程圖請參考圖13-4，進入登入畫面後會測試是否成功建立NXT連線，如果失敗會顯示對應的錯誤訊息，例如主機名稱不存在或是連線錯誤等等。連線成功之後就會進入觸控控制面板，並持續發送兩個觸控點的座標資訊給NXT主機：

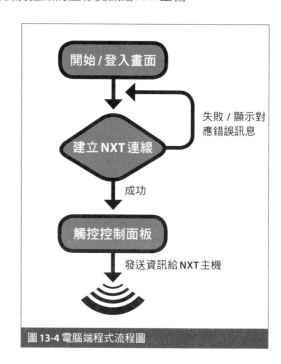

圖 13-4 電腦端程式流程圖

PART1：初始設定
PART2：*Oncreate*
PART3：*connectNXT*
PART4：*setMode*
PART5：*writeSpeed*

　　本章程式是承接第11章與第12章的程式修改而來，因此PART1到PART5與前兩章是完全相同的，請讀者回顧之前的說明或直接開啟程式碼檢閱即可。

　　我們是透過writeSpeed來達成直接控制NXT機器人的效果。藉由將onTouch中左右馬達電力的計算結果以byte array的方式送出給NXT主機，NXT主機便可透過藍牙連線接收訊息並執行動作。請注意我們將左右馬達的控制指令以單一位元陣列來傳送，避免藍牙傳輸過程中遺漏封包。有關樂高NXT直接控制指令請回顧第12章的表12-1至表12-2。

13-3-2 切換到ControlPanel觸控面板

PART6：ControlPanel初始設定

ControlPanel類別是用來處理觸控點以及它的各種行為，我們在第167行至第170行宣告了相關的變數。包括觸控點的X座標與Y座標：(x, y)；計算螢幕中心的(centerX,centerY)；與機器人速度與指向有關的speed、angle、speedL與speedR；再來是處理螢幕繪製功能的paint物件，最後則是宣告一個core物件，它可以被TankControl類別來存取，包括呼叫或改變變數值等等。進入實作的ControlPanel函式中，我們進一步完成了相關的畫面設定。

```
165    class ControlPanel extends View implements OnTouchListener
166    {
167        double x1, y1, x2, y2, centerX, centerY;
168        int speed, angel, speedL, speedR;
169        Paint paint = new Paint();
170        TankControl core;
171
172    //建構子
173    public ControlPanel(TankControl _core)
174    {
175        super((Context)_core);
176        core = _core;
177          setFocusable(true);
178
179        setFocusableInTouchMode(true);
180        this.setOnTouchListener(this);
181
182        //設定paint
183        paint.setTextSize(20);
184        paint.setStrokeWidth(3);
185        paint.setAntiAlias(true);
186    }
```

PART7：*onSizeChanged 與 onDraw*

　　onSizeChanged 函式中定義了螢幕的中心點，這是透過擷取螢幕的X、Y解析度並將其除以2來得到螢幕的中心點座標。接著我們在onDraw 函式中建立觸控點，這是藉由在第200~202行畫出兩條直線代表手指頭的操作方向，並在第205~207行畫出兩個黃色的小圓圈，當實際用手指操作時，它們也會跟著上下移動。最後則是在第210~211行將左右輪的速度動態顯示在螢幕上。

188	protected void onSizeChanged(int w, int h, int oldw, int oldh)
189	{
190	super.onSizeChanged(w, h, oldw, oldh);
191	centerX = w/2;
192	centerY = h/2;
193	}
194	
195	public void onDraw(Canvas canvas)
196	{
197	super.onDraw(canvas);
198	
199	//畫軸
200	paint.setColor(Color.GREEN);
201	canvas.drawLine((float)centerX/2f, 0, (float)centerX/2f, (float)centerY*2, paint);
202	canvas.drawLine((float)centerX*3f/2f, 0, (float)centerX*3f/2f, (float)centerY*2, paint);
203	
204	//畫控制點
205	paint.setColor(Color.YELLOW);
206	canvas.drawCircle((float)centerX/2f, (float)y1, 10, paint);
207	canvas.drawCircle((float)centerX*3f/2f, (float)y2, 10, paint);
208	
209	//顯示轉速文字
210	paint.setColor(Color.WHITE);
211	canvas.drawText("("+speedL+","+speedR+")", 20, 20, paint);
212	}

onTouch 類別是本程式的核心，透過 MotionEvent 下的 getAction 函式來取得觸控點的各個事件狀態（第218行）。相較於上一章的範例需使用單一觸控點就得決定機器人左右兩輪的電力，本章使用兩個觸控點的 Y 變化量來分別決定左右兩輪的電力，程式較為簡單。

我們從第218行開始使用 event.getAction 指令來擷取觸碰點的狀態，接著在第220~253行來處理觸控點的細節設定，包括左右點互換、只有一個觸控點以及放開時的歸零動作。並在第254~255行計算左右馬達電力 speedL 與 speedR 之後於第263行的 core. writeSpeed() 指令送出。

```
214    //觸控事件
215    public boolean onTouch(View view, MotionEvent event)
216    {
217
218        if(event.getAction()==MotionEvent.ACTION_DOWN || event.
       getAction()==MotionEvent.ACTION_MOVE) //壓下或移動動作
219        {
220        if(event.getPointerCount()<=2) //兩點以內
221        {
222            x1 = event.getX(0);
223            y1 = event.getY(0);
224            x2 = event.getX(1);
225            y2 = event.getY(1);
226
227            //若x1在x2右邊則置換
228            if(x1>x2)
229            {
230                double tmp = x2;
231                x2 = x1;
232                x1 = tmp;
233
234                tmp = y2;
235                y2 = y1;
236                y1 = tmp;
237            }
238        }
```

```
239
240         if(event.getPointerCount()==1) //只有一點
241         {
242               if(x1<=centerX) //只動左輪
243               y2 = centerY;
244               else //只動右輪
245               y1 = centerY;
246         }
247
248         }
249         else if(event.getAction()==MotionEvent.ACTION_UP) //放開動作
250         {
251               x1 = x2 = -1;
252               y1 = y2 = centerY;
253         }
254         speedL = (int) ((centerY-y1)*900/centerY);//計算左輪速度
255         speedR = (int) ((centerY-y2)*900/centerY);//計算右輪速度
256         //控制速度上限
257         if(Math.abs(speedL)>900)
258         speedL = (int) (900*Math.signum(speedL));
259
260         if(Math.abs(speedR)>900)
261         speedR = (int) (900*Math.signum(speedR));
262
263         core.writeSpeed(speedL, speedR);
264         invalidate();
265         return true;
266         }
267   }
```

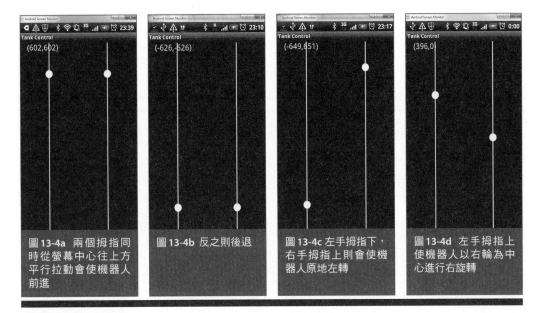

圖 13-4a 兩個拇指同時從螢幕中心往上方平行拉動會使機器人前進

圖 13-4b 反之則後退

圖 13-4c 左手拇指下，右手拇指上則會使機器人原地左轉

圖 13-4d 左手拇指上使機器人以右輪為中心進行右旋轉

13-4. 總結

　　隨著觸碰螢幕規格上的進步，由單點觸控到多點觸控搭配各種手勢，大大豐富了我們控制機器人的方法。本章利用了兩個觸控點來決定機器人左右馬達的電力，就好像操縱玩具挖土機一樣直覺又簡單。

　　下一章我們將深入介紹觸控手勢，以手指滑過面板的時間來決定機器人行走的速度。這是一個很有趣的比賽，適合多人一起對戰唷！

CHAPTER { 14 }

〔PROJECT──Drag control刷刷樂〕

1. 多點觸控
2. NXT 底層控制指令
程式難度：難
機構難度：易

〔 PROJECT──Drag control 刷刷樂 〕

1. 多點觸控
2. NXT 底層控制指令

程式難度：難
機構難度：易

14-1. 引言

<EX14-1>DragControl

本章將進一步討論手勢（gesture）在觸控裝置上的各種應用，以及如何將其整合於機器人控制課題中。藉由手指刷過螢幕的距離來決定機器人運動的速度。

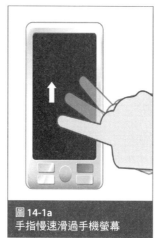

圖 14-1a
手指慢速滑過手機螢幕

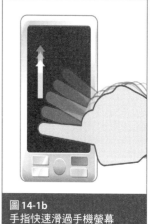

圖 14-1b
手指快速滑過手機螢幕

14-2. 機器人介紹

本章使用之範例機器人之組裝與操作方法與第 11 章相同，請自行組裝一台雙馬達機器人，您以自行設計或使用本書附錄 A 之範例機器人，如 14-2。

圖 14-2 範例機器人

14-3. 手機端程式

手機端程式一樣是從登入畫面開始，輸入欲連線的NXT主機名稱後請按下「Connect NXT」按鈕，連線成功即會進入觸控控制畫面，如圖14-3a與圖14-3b。

圖 14-3a 登入畫面　　圖 14-3b 觸控控制畫面

14-3-1 程式架構

手機端的程式流程圖請參考圖14-4，進入登入畫面後會測試是否成功建立NXT連線，如果失敗會顯示對應的錯誤訊息，例如主機名稱不存在或是連線錯誤等等。連線成功之後就會進入觸控控制面板，並持續發送觸控點資訊給NXT主機。

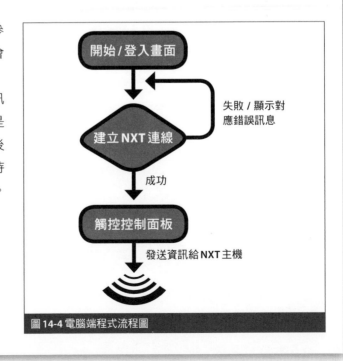

圖 14-4 電腦端程式流程圖

【 PROJECT——Drag control 刷刷樂 】

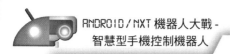
本章程式是承接之前的程式修改而來，因此 PART1 到 PART5 與先前的程式碼是完全相同的，請讀者回顧之前的說明或直接開啟程式碼檢閱即可。

我們是透過 writeSpeed 來達成直接控制 NXT 機器人的效果。藉由將 onTouch 中左右馬達電力的計算結果以 byte array 的方式送出給 NXT 主機，NXT 主機便可透過藍牙連線接收訊息並執行動作。請注意我們將左右馬達的控制指令以單一位元陣列來傳送，避免藍牙傳輸過程中遺漏封包。有關樂高 NXT 直接控制指令請回顧第 12 章。

14-3-2 切換到 ControlPanel 觸控面板

PART6：ControlPanel 初始設定

ControlPanel 類別是用來處理觸控點以及它的各種行為，我們在第 166 行至第 169 行宣告了相關的變數。由於我們是由手機畫面的下方往上方滑動手指，所以我們只關心觸控點的 Y 座標變化：y 與 _y；接著是計算螢幕中心的（centerX,centerY）；機器人速度與指向有關的 speed、angle，以及用來計算速度比例的常數 K。

再來是處理螢幕繪製功能的 paint 物件，最後則是宣告一個 core 物件，它可以被 DragControl 來存取，包括呼叫或改變變數值等等。進入實作的 ControlPanel 函式中，我們進一步完成了相關的畫面設定。

164	class ControlPanel extends View implements OnTouchListener
165	{
166	double y, _y = 0, centerX, centerY;
167	int speed, angle ,K = 3;
168	Paint paint = new Paint();
169	DragControl core;
170	
171	//建構子
172	public ControlPanel(DragControl _core)

```
173        {
174              super((Context)_core);
175              core = _core;
176
177          setFocusable(true);
178          setFocusableInTouchMode(true);
179          this.setOnTouchListener(this);
180
181          //設定paint
182          paint.setTextSize(20);
183          paint.setStrokeWidth(3);
184          paint.setAntiAlias(true);
185        }
```

PART6：onSizeChanged 與 onDraw

　　onSizeChanged 函式中定義了螢幕的中心點，這是透過擷取螢幕的 X、Y 解析度並將其除以 2 來得到螢幕的中心點座標。接著在 onDraw 函式中畫出一條綠色直線（圖 14-3b），代表本程式的操作方式。第 205 行的 canvas.drawText() 則是將計算後的速度（speed）顯示在手機畫面上。

```
187    protected void onSizeChanged(int w, int h, int oldw, int oldh)
188        {
189              super.onSizeChanged(w, h, oldw, oldh);
190              centerX = w/2;
191              centerY = h/2;
192        }
193
194      public void onDraw(Canvas canvas)
195      {
196        super.onDraw(canvas);
197
199        //畫軸
200        paint.setColor(Color.GREEN);
201        canvas.drawLine((float)centerX, 0, (float)centerX, (float)centerY*2, paint);
202
203        //顯示轉速文字
```

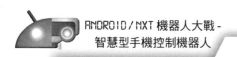
204	paint.setColor(Color.WHITE);
205	canvas.drawText("("+speed+")", 20, 20, paint);
206	}

PART8：onTouch

在 onTouch 類別中，從第 210 行開始使用 event.getAction 指令來擷取觸碰點的狀態，如果觸碰點狀態是 ACTION_DOWN 與 ACTION_MOVE，則擷取觸控點當下的座標，否則將速度設為 0 讓機器人停止動作。接著在第 214 行進一步判斷如果是壓下（ACTION_DOWN）則將當下的觸控點座標 y 記錄在 _y 變數中，並以這兩點的差乘以速度比例常數 K。請注意在本範例中我們將 K 設定為 3，您也可以自行調整 K 值來調整機器人運動的效果。換句話說，本範例是以手指頭壓下與離開兩點之前的 Y 軸向距離來決定機器人的速度，兩點離得愈遠，機器人就跑愈快。最後在第 221 行進行速限控制，因為有可能計算結果超過機器人馬達的上限值 900，所以要將超過 900 的計算結果一律限制為 900。

207	//觸控事件
208	public boolean onTouch(View view, MotionEvent event)
209	{
210	if(event.getAction()==MotionEvent.ACTION_DOWN || event.getAction()==MotionEvent.ACTION_MOVE)
211	{
212	y = event.getY(0);
213	
214	if(event.getAction()==MotionEvent.ACTION_DOWN) //若為壓下則初始化前次位置
215	{
216	_y = y;
217	}
218	
219	speed = (int)((_y-y)*K);
220	
221	if(Math.abs(speed)>900)
222	speed = (int) (900*Math.signum(speed));
223	}
224	else
225	speed = 0;

```
226
227        core.writeSpeed(speed);
228        invalidate();
229         return true;
230     }
231 }
```

　　程式執行時請先輸入NXT主機名稱後點選Connect NXT按鈕來建立藍牙連線，連線成功後就會進入觸控畫面。本範例和先前的範例不同，不需要計算觸控點與螢幕中心的距離，反而是要計算手指壓下滑動後離開螢幕，這兩點之間的距離，所以沒有繪製如之前範例中的黃色觸控點。操作時只要將手指輕觸螢幕並由下向上滑動，即可看到不同的起始點距離對於機器人電力的影響。一起來刷刷樂吧！

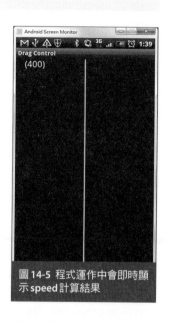

圖 14-5 程式運作中會即時顯示 speed 計算結果

14-4. 總結

　　本章結合了觸控以及時間計算，使得我們可以透過手指滑過螢幕的快慢來決定機器人前進的速度。下一章是本書最後也是最大的機器人專題<影像採集機器人>，結合了Android手機、樂高NXT機器人與電腦，並整合了四個層面：藍牙通訊、手機硬體、NXT運動控制和PC端介面製作。您應該可以明確體認到機器人與周邊硬體整合之後的各種延伸擴充性。

【 PROJECT──Drag control 刷刷樂 】

CHAPTER
{ 15 }

〔PROJECT──影像採集機器人〕

---

1. 實作手機 Camera 服務
2. Android 手機與電腦端藍牙連線
3. 電腦端控制介面實作

程式難度：難
機構難度：中

影像採集機器人

　　遠端操控是機器人必備的功能之一，操作者可以在遠端對機器人下達指令，以避開現場環境威脅的因子。就短距離通訊來說，藍牙通訊是最經濟實惠的方法。本書第 6 章 <Android 和 NXT> 中已詳細介紹了藍牙連線設定方法，並在先前的章節中示範了各種觸控方式或感應器與 NXT 機器人的應用。但目前為止皆是以 Android 手機和 NXT 主機配對，如果是 Android 和電腦配對呢？ JAVA 提供了許多介面製作的函式庫，我們可以在電腦端做出控制介面來遠端控制機器人，並使用 Android 手機相機設備讓機器人對目標照相，進而實作一台影像採集機器人；本章中更整合了 TTS 功能，使用者可以控制機器人是否發聲，如果遇到了好朋友還可以打聲招呼呢。

15-1. 學習重點

1. 實作手機 **Camera** 服務
2. Android 手機與電腦端藍牙連線
3. 電腦端控制介面實作

程式難度：難
機構難度：中

15-2. 機器人介紹

　　本章中將實做一台遠端遙控且具備照相功能的機器人，機器人整合了 JAVA 控制介面、藍牙連線和 Android Camera 系統服務。使用者在電腦端透過介面來控制機器人運動、出聲和拍照，而照下來的影像會儲存在手機的記憶卡中。

15-2-1 機器人本體

建議您組裝一台雙馬達機器人，您可以自行設計或使用本書附錄A的範例機器人，並將 Android 手機固定在機器人，如圖15-1。也可到本書官網下載數位組裝檔。

圖 15-1a 將 Android 手機裝在機器人前方

圖 15-1b 將 Android 手機裝在機器人前方

15-3. 手機端程式架構

本章中整合了 Android 系統的多種服務，當中最重要的莫過於相機功能。手機的相機解析度雖然比不上專業的數位相機，但伴隨著手機隨身攜帶的便利性，具備拍照與攝影功能的手機可說是相當普遍。Android 提供了撰寫相機服務的函式庫，通常撰寫方式有兩種，一種為呼叫系統內建的相機程式、另一種為改寫自己的相機服務程式。前者在程式碼撰寫上較為簡單、拍照的功能也較為完善，但由於是系統內建的應用程式，程式撰寫者較不能恣意發揮；而改寫相機拍照的程式碼雖然較為複雜，但延伸性較高也能讓使用者自由調整，本章為了達到更高的擴充性，因

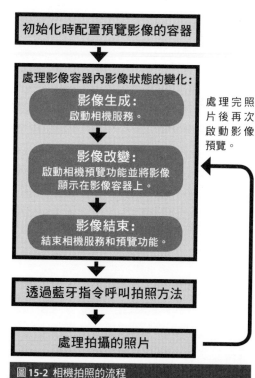

初始化時配置預覽影像的容器

處理影像容器內影像狀態的變化：

影像生成：
啟動相機服務。

影像改變：
啟動相機預覽功能並將影像顯示在影像容器上。

影像結束：
結束相機服務和預覽功能。

處理完照片後再次啟動影像預覽。

透過藍牙指令呼叫拍照方法

處理拍攝的照片

圖 15-2 相機拍照的流程

【PROJECT──影像採集機器人】

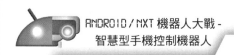

此採用自行設計拍照模組。圖 15-2 為 Android 系統完成一次相機拍照的流程。

首先，必須要實作影像容器的 Callback 介面，該介面要實作 surfaceCreated()、surfaceChanged() 和 surfaceDestroyed() 三種方法，比對圖 15-2 依序是影像生成、影像改變和影像結束。在系統呼叫 surfaceCreated 時啟動相機服務，才能在系統呼叫 surfaceChanged 時打開相機預覽，但要打開相機預覽前得記得先取得系統相機的參數，並設定預覽畫面的大小。每次手機在拍完照片時都要對相片做處理，本章的處理方法為儲存影像，但要記得照片儲存完後必須要再次開啟預覽，不然程式會結束。

15-3-1 資料串流

Java 中資料的讀寫皆是以串流的方式進行，串流分為兩種，文字元串流和位元串流，如果只是純文字資料上的讀取處理，文字串流會較為直接；但如果涉及到影像、聲音等資料，位元串流是較佳的選擇。本書皆以位元串流來撰寫，請參閱表 15-1 為不同的串流類別說明：

表15-1 串流類別說明	
串流種類	**位元串流類別**
記憶體串流	InputStream、OutputStream
檔案串流	FileInputStream、FileOutputStream
記憶體陣列串流	ByteArrayInputStream、ByteArrayOutputStream

串流的路線中分為三個區塊，分別是資料源頭、程式處理和資料目的地。三者以資料串流連接。就輸入串流來說，每當輸入串流傳入資料時，程式就會做讀取、處理和傳出等動作；如果沒有資料傳入，程式就等待資料的流入。如果程式處理的速度大於資料讀取的速度，那麼每次程式都要等待資料進來才能讀取，程式便會斷斷續續的很沒有效率，因此會以串接的方式串接一個緩衝輸入串流，請參考圖 15-4：

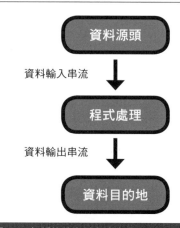

圖 15-3 無緩衝的資料串流方法

緩衝串流會配置一塊緩衝記憶體，等一筆完整的資料存入後程式再一次讀取並處理，因此程式效能較高。有時候串接的緩衝串流可以提供一系列強化的讀取和寫入資料流的能力。以本書常用手法來說，我們常以DataInputStream()、DataOutputStream()來包覆InputStream()、OutputStream()等串流，原因在於DataInputStream()提供了readInt()、readBoolean()、readChar()等資料讀取方法；而DataOutputStream()則供了writeInt()、writeBoolean()、writeChar()等資料寫入方法，在使用上會較為方便。

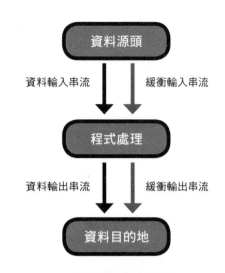

圖 15-4 使用緩衝的資料串流方法

在本章中使用到資料串流有兩個部分，第一為藍牙指令的資料串流、第二為相片儲存的資料串流。藍牙指令主要是接收位元組、以緩衝串流轉換成特定類別的資料並讓程式處理；相片儲存必須要用到File類別，File類別並不直接作檔案讀寫的動作，而是提供資料串流相關檔案資訊。本章中我們必須要讓Android系統將相片檔案儲存到手機的SD卡中，因此必須建立一個參考到該儲存路徑下的File類別，並將該File類別傳到傳出串流中。建立File類別有以下兩種方法：

1. 在程式執行的目錄下建立File物件，檔案名稱為CAVE.txt

```
001    File file = new File("CAVE.txt");
```

2. 直接指定File建立的目錄位置，因為Android系統是在Linux平台下執行JAVA程式，所以目錄符號為「/」，如果在Windows系統下的話則是「\\」

```
001    File file = new File("/sdcard/DCIM/Camera/image1.jpg");
```

15-3-2 Layout畫面布局

為了方便檢測，手機端在拍照時會啟動畫面預
覽，並於最上層放置EditText物件以輸入NXT主機名
稱。程式第28~31行建立了SurfaceView物件，該物
件提供相機預覽影像的顯示區域，如右圖15-5所示：

圖15-5 程式執行畫面

\<main.xml\>

```
001  <?xml version="1.0" encoding="utf-8"?>
002  <LinearLayout xmlns:android="http://schemas.android.com/apk/res/android"
003      android:orientation="vertical"
004      android:layout_width="fill_parent"
005      android:layout_height="fill_parent"
006      >
007  <TextView
008      android:layout_width="fill_parent"
009      android:layout_height="wrap_content"
010      android:text="Enter the NXT Name!"
011      android:textSize="20sp"
012      android:background="#666"
013      android:textColor="#fff"
014      android:id="@+id/tv_condition"
015      ></TextView>
016  <EditText
017      android:layout_width="fill_parent"
018      android:layout_height="wrap_content"
019      android:id="@+id/edt_name"
020      android:text ="USER-PC"
```

〔 PROJECT——影像採集機器人 〕

```
021        ></EditText>
022    <Button
023        android:layout_width="fill_parent"
024        android:layout_height="wrap_content"
025        android:text="Connect"
026        android:id="@+id/btn_connect"
027        ></Button>
028    <SurfaceView android:id="@+id/mSurfaceView1"
029        android:layout_width="fill_parent"
030        android:layout_height="fill_parent"
031        ></SurfaceView>
032    </LinearLayout>
```

15-3-3 Activity 機動程式

整體通訊架構從Android手機發起， 當手機與電腦連線成功後， 便持續接收指令碼， 接收到整數 「5」 代表照相、 「7」 代表發出聲音問好。

STEP1 ： 設定實作介面

機動程式的類別必須實作TextToSpeech.OnInitListener 監聽事件和SurfaceHolder. Callback介面。

```
001    public class ch16_DetecBot extends Activity  implements SurfaceHolder.
       Callback,TextToSpeech.OnInitListener{
```

STEP2 ： 註冊 Surface View

第70行在onCreate()初始化設定中註冊SurfaceView， 並在第72行用getHolder()方法取得SurfaceHolder物件， 如此一來便能實作該物件CallBack介面。 第72行將實作的CallBack介面加到主程式中。

```
063    public void onCreate(Bundle savedInstanceState) {
064        super.onCreate(savedInstanceState);
065        //螢幕不會顯示標題(檔案設定標題為ch7_camera)
066        requestWindowFeature(Window.FEATURE_NO_TITLE);
067        setContentView(R.layout.main);
068        tts = new TextToSpeech(this, this);
069        //註冊螢幕上SurfaceView物件
```

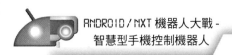

```
070    mSurfaceView = (SurfaceView) findViewById(R.id.mSurfaceView1);
071    //取得影像容器來配置畫面
072    mSurfaceHolder = mSurfaceView.getHolder();
073    //讓主程式實作Callback介面
074    mSurfaceHolder.addCallback(this);
075    //代表影像由Camera來提供相關數據
076    mSurfaceHolder.setType(SurfaceHolder.SURFACE_TYPE_PUSH_BUFFERS);
```

STEP3：實作影像容器方法

實作CallBack介面必須實作的三種方法。 當顯示畫面容器建立時便會呼叫surfaceCreated方法， 這時啟動相機服務（第101行）。surfaceCreated方法是在顯示畫面所在的surfaceView大小改變時被呼叫， 像是一開始打開預覽， 或是按下連線按鈕後都會被呼叫， 因此在這方法內的程式必須能不斷地更新。 注意第105~107行的檢測是必要的， 如果相機此時沒有在預覽狀態， 而呼叫了stopPreview()方法， 則會造成系統當機。 第110行的setPreviewSize方法依序要傳入寬跟高的整數參數， 這代表預覽鏡頭的實際尺寸， 每台手機所支援的尺寸有所不同， 設定錯誤的話只要打開程式就會造成系統例外結束。 第114行將影像傳到影像容器內， 並在第119行用startPreview方法啟動相機預覽。 程式結束前會消滅影像容器， 這時onSurfaceDestroyed方法便會被呼叫， 並在第126行結束相機服務。

```
100    public void surfaceCreated(SurfaceHolder holder) {
101        mCamera = Camera.open();
102    }//surfaceCreated
103    public void surfaceChanged(SurfaceHolder holder, int format, int w, int h) {
104        //檢測如果預覽正在進行則停止預覽
105        if (isPreviewRunning) {
106            mCamera.stopPreview();
107        }
108        //處理相片的參數
109        Camera.Parameters p = mCamera.getParameters();
110        p.setPreviewSize(WIDTH, HEIGH);
111        mCamera.setParameters(p);
112        try {
113            //設定影像的容器
114            mCamera.setPreviewDisplay(holder);
```

```
115         } catch (IOException e) {
116             // TODO Auto-generated catch block
117             e.printStackTrace();
118         }
119         mCamera.startPreview();
120         isPreviewRunning = true;
121     }//surfaceChanged
122     //當預覽畫面被消滅前呼叫此方法
123     public void surfaceDestroyed(SurfaceHolder holder) {
124         mCamera.stopPreview();
125         isPreviewRunning = false;
126         mCamera.release();
127     }//surfaceDestroyed
```

STEP4：在輸入串流中判斷指令碼

在讀取輸入串流的無限迴圈中加入條件判別， 當讀入的指令碼為照相時（第188行）
會以1當Message的識別碼、 為發聲時會以2當辨別碼。 第191行將Message傳到主程
式的消息序列中， 一旦主程式呼叫該Message， Handler物件便會依照該Message的辨
別碼作出相對應的處理。

```
187             readValue = mInStream.readInt();
188             if(readValue == DETECTED){
189                 Message message = new Message();
190                 message.what = 1;
191                 mHandler.sendMessage(message);
192                 Log.i("takepicture","f");
193             }
194             else if(readValue == SAY_HELLO){
195                 Message message = new Message();
196                 message.what = 2;
197                 mHandler.sendMessage(message);
198             }
```

STEP5：設定 TTS 與照相

在Handler內的handleMessage方法中加入TTS和照相的觸發條件。 當message的識別
碼為1時手機會照相、 2時會以語音發聲。 第209行用takePicture方法呼叫系統拍照，

要傳入三個物件參數，依序為快門、相片回傳(raw格式)和相片回傳(JEPG格式)

```
205    private final Handler mHandler = new Handler() {
206        public void handleMessage(Message msg) {
207            switch (msg.what) {
208            case 1: //照相
209                    mCamera.takePicture(null, mPictureCallback, mPictureCallback);
210                    break;
211            case 2://發聲
212                    tts.speak("Nice to meet you", TextToSpeech.QUEUE_FLUSH, null);
213                    break;
214            }
215            super.handleMessage(msg);
216        }
217    };//Handler
```

STEP6 ： 處理拍攝完成的照片

定義Camera.PictureCallback物件。 必須要覆寫該物件的onPictureTaken方法， 該方法
可以處理相機照下的影像資料， 接著以第94行的StoreImage方法儲存影像位元資料。
注意第96行儲存完影像位元資料後要再次啟動相機預覽， 不然surfaceView畫面會就
此停住(此畫面即為相片畫面)。

```
089    //此物件是用來處理已拍攝的照片
090    Camera.PictureCallback mPictureCallback = new Camera.PictureCallback() {
091        public void onPictureTaken(byte[] imageData, Camera c) {
092            if (imageData != null) {
093                //儲存照片的方法
094                StoreImage(mContext, imageData, 50,"ImageName");
095                //儲存完照片後繼續預覽相機
096                mCamera.startPreview();
097            }
098        }
099    };//PictureCallback
```

按著要定義影像儲存的方法。 第130行建立File類別並傳入目錄位置， System. currentTimeMillis()方法可以回傳系統時間， 並依此作為檔案名稱。 第137行用傳入的影像位元碼、 BitmapFactory.Options物件來對影像解碼。 第142行將解碼後的影像以壓縮檔案方式傳到輸出串流中。Compress方法要傳入三個參數， 依序為壓縮影像格式、 壓縮品質（0~100壓縮效果最佳）和輸出串流。 注意第139和第140行使用的是串接輸出串流。

```
128     //儲存影像的方法
129     public void StoreImage(Context mContext, byte[] imageData,int quality, String
        expName) {
130         //File類別，需要傳入檔案儲存的路徑 File sdImageMainDirectory = new File("/
            sdcard/DCIM/Camera/image" + System.currentTimeMillis() + ".jpg");
131         FileOutputStream fileOutputStream = null;
132         try {
133             BitmapFactory.Options options=new BitmapFactory.Options();
134             //用inSampleSize來處理照片大小，1代表和預覽1比1大小
135             options.inSampleSize = 1;
136             //decodeByteArray方法將傳入StoreByteImage方法內的影像陣列解碼
137             Bitmap myImage = BitmapFactory.decodeByteArray(imageData,
            0,imageData.length,options);
138             //建立檔案輸出串流
139             fileOutputStream = new FileOutputStream(sdImageMainDirectory);
140             BufferedOutputStream bos = new BufferedOutputStream(fileOutputStream);
141             //compress方法將圖片壓縮並傳到輸出串流中
142             myImage.compress(CompressFormat.JPEG, quality, bos);
143             bos.flush();
144             bos.close();
145         } catch (FileNotFoundException e) {
146             // TODO Auto-generated catch block
147             e.printStackTrace();
148         } catch (IOException e) {
149             // TODO Auto-generated catch block
150             e.printStackTrace();
151         }
152     }//StoreImage
```

15-4.PC程式端架構

<EX15-2> DetectBot_Computer

　　PC端程式由於要顯示操作介面， 因此要繼承 JFrame 類別。 另外還要接收 Android 手機傳來的資料， Android 手機成功連入後， 接著與 NXT 主機連線， 成功連線後就啟動控制面板讓使用者控制機器人。Java 用來設計視窗介面的套件分別有 AWT 和 Swing， 這些套件可以定義各式各樣的元件， 例如按鈕、 視窗、 文字欄位、 滑桿與面板等等， 每一種元件都代表一個類別， 我們可以自由定義。 本章中使用到 Swing 視窗介面的套件， 視窗使用到 JFrame 類別、 按鈕則為 JButton 類別。 在每個按鈕類別下加入事件監聽， 當按鈕被按下後會觸發事件， 接著做對應的處理。

STEP1 ： 載入 BlueCove 藍牙函式庫

電腦端程式使用到 BlueCove 的
Library， 因此在寫程式前請讀者先
到 Eclipse → Project → Properties → Resou
rce → Java Build Path → Libraries 中匯入
本書提供的 bluecove-2.1.1-SNAPSHOT.
jar 檔案。 按下 Add External JARs…按
鈕後， 找 bluecove-2.1.1-SNAPSHOT.
jar 檔案， 按下 「 開啟舊檔 」 後
「OK」 按鈕， 就會將該檔案載
入 Library 中了。 同樣的步驟， 請
讀者找到您一開始安裝 leJOS NXJ 檔
案的地方， 到其 lib 資料夾中載入
classes.jar、 jtools.jar、 pccomm.jar
和 pctools.jar 檔案。 這樣才用 Eclipse
開發 NXJ 的程式時才能載入相關的
Library。

圖 15-6 載入 BlueCove 藍牙函式庫

STEP2 ： 設定關閉視窗就會結束程式

　　在第 24 行讓類別繼承 JFrame 類別。 讓整個程式包含在 JFrame 視窗內， 如此一來關閉視窗就代表程式的結束。

`024`　　public class ComputerBT extends JFrame{

在建構子內加入視窗元件。 第52行是設定視窗的大小為320x240， 第53行固定視窗大小， 第54行是設定當JFrame視窗關閉時程式結束， 第56行讓視窗能位於螢幕中間位置。 第58~91行為設定按鈕類別， 作法大同小異。 首先在用new建構類別時傳入按鈕顯示的名稱（第58行「NXT」）接著用setBounds來設定按鈕位置和大小， 傳入的參數依序為X座標、 Y座標、 圖片的寬和高。 並將按鈕類別加入滑鼠監聽事件(該監聽事件為自行定義， 在STEP4會解說到)和按鈕識別碼。 最後用add方法將該按鈕類別加到JFrame視窗中。

```
050    public ComputerBT(){
051
052        this.setSize(320,340);
053        this.setResizable(false);
054        this.setDefaultCloseOperation(JFrame.EXIT_ON_CLOSE);
055        this.getContentPane().setLayout(null);
056        this.setLocationRelativeTo(null);
057
058        connectToNXT = new JButton("NXT"); //宣告JButton
059        connectToNXT.setBounds(0,0, 100, 100); //設定大小位置
060        connectToNXT.addMouseListener(new MouseAction(nxtOuputStream,MOVE_CAMERA));//加入滑鼠事件
061        this.getContentPane().add(connectToNXT); //將按鈕加入視窗
062
063        btnPicture = new JButton("Click"); //宣告JButton
064        btnPicture.setBounds(200, 0, 100, 100); //設定大小位置
065        btnPicture.addMouseListener(new MouseAction(mOutputStream,TAKE_PICTURE));//加入滑鼠事件
066        this.getContentPane().add(btnPicture); //將按鈕加入視窗
067
068        btnBackward = new JButton(" ↑ "); //宣告JButton
069        btnBackward.setBounds(100, 0, 100, 100); //設定大小位置
070        btnBackward.addMouseListener(new MouseAction(nxtOuputStream,FORWARD));//加入滑鼠事件
071        this.getContentPane().add(btnBackward); //將按鈕加入視窗
```

```
072
073        btnForward = new JButton("↓"); //宣告JButton
074        btnForward.setBounds(100,100, 100, 100); //設定大小位置
075        btnForward.addMouseListener(new MouseAction(nxtOuputStream,BACKWARD));
       //加入滑鼠事件
076        this.getContentPane().add(btnForward); //將按鈕加入視窗
077
078        btnLeft = new JButton("←"); //宣告JButton
079        btnLeft.setBounds(0,100, 100, 100); //設定大小位置
080        btnLeft.addMouseListener(new MouseAction(nxtOuputStream,TURN_LEFT));
       //加入滑鼠事件
081        this.getContentPane().add(btnLeft); //將按鈕加入視窗
082
083        btnRight = new JButton("→"); //宣告JButton
084        btnRight.setBounds(200,100, 100, 100); //設定大小位置
085        btnRight.addMouseListener(new MouseAction(nxtOuputStream,TURN_RIGHT));
       //加入滑鼠事件
086        this.getContentPane().add(btnRight); //將按鈕加入視窗
087
088        sayHello = new JButton("Say Hello"); //宣告JButton
089        sayHello.setBounds(0,200, 300, 100); //設定大小位置
090        sayHello.addMouseListener(new MouseAction(mOutputStream,SAY_HELLO));
       //加入滑鼠事件
091        this.getContentPane().add(sayHello); //將按鈕加入視窗
092
093        this.setVisible(true);
094      }
```

STEP4：MouseListener 類別的五種方法

在ComputerPC類別外新增一個MouseAction類別，該類別繼承MouseListener類別並實作該類別的五種方法，依序為 mouseClicked、 mouseEntered、 mouseExited、mousePressed和mouseReleased方法。當滑鼠進入按鈕區域時會呼叫mouseEntered方法、離開按鈕區域時呼叫mouseExited方法、按下按鈕時呼叫mousePressed方法、放開按鈕時呼叫mouseReleased方法、按下後放開呼叫mouseClicked。以下是這五種方法的架構，我們會繼續深入討論。

```
132    class MouseAction implements MouseListener{
          ……放置程式碼
147       @Override
148       public void mouseClicked(MouseEvent arg0) {
             // TODO Auto-generated method stub
           ……放置程式碼
166       }
167       @Override
168       public void mouseEntered(MouseEvent arg0) {
             // TODO Auto-generated method stub
           ……放置程式碼
          }

169       @Override
170       public void mouseExited(MouseEvent arg0) {
             // TODO Auto-generated method stub
           ……放置程式碼
          }

171       @Override
172       public void mousePressed(MouseEvent arg0) {
             // TODO Auto-generated method stub
           ……放置程式碼
          }

186       @Override
187       public void mouseReleased(MouseEvent arg0) {
             // TODO Auto-generated method stub
           ……放置程式碼
200       }
201    }
```

STEP5：定義藍牙連線方法

自行定義ConnectWithAndroid的連線方法。 第105行建立本地端藍牙裝置， 並用第107行 setDiscoverable 來讓電腦為可搜尋狀態。 第109行設定URL碼， URL碼的架構為「設備位置」+「UUID碼」+「Server端名稱」， 設備位置則以「btspp://」開頭， 通常

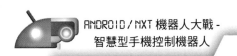
後面接「localhost:」， Server端名稱是url另一行指令， 本例中以RemoteBluetooth指定
為設備名稱(name)。 StreamConnectionNotifier 類別中的accpeAndOpen方法可以等待
連線的建立（第113行）， 注意此為閉塞的方法， 如果連線未建立， 程式會「塞」在
此行一直等待。 連線建立後， 該方法會回傳一個StreamConnection 類別， 使用該類別
可以開啟PC-Android的輸出串流（第115行）。 注意第119行使用NXTConnector類別的
connectTo方法可以與NXT主機連線。 並在第123行建立NXT與PC之間的資料串流。

```
101    public static void ConnectWitAndroid(){
102        //主程式建立與Android手機的藍牙連線
103        LocalDevice localDevice ;
104        try {
105            localDevice = LocalDevice.getLocalDevice();
106            //設定 access code 為 General/Unlimited Inquiry Access Code (GIAC).
107            localDevice.setDiscoverable(DiscoveryAgent.GIAC);
108            UUID uuid = new UUID(myUUID, false);
109            String url = "btspp://localhost:" + uuid.toString() +
";name=RemoteBluetooth";
110            System.out.println("Waiting for Android to connect...");
111            stcNo = (StreamConnectionNotifier) Connector.open(url);
112            //程式會在此等待手機連線
113            stconnection = stcNo.acceptAndOpen();
114            System.out.println("Connect to Android Success!");
115            mOutputStream = stconnection.openDataOutputStream();
116            //手機連線建立完成
117            System.out.println("Connect to NXT ...");
118            NXTConnector conn = new NXTConnector();
119            if(!conn.connectTo("kevin", "", NXTCommFactory.BLUETOOTH)){
120                JOptionPane.showMessageDialog(null, "Cannot connect to
NXT","Error", JOptionPane.ERROR_MESSAGE); //連線失敗訊息
121                System.exit(1);
122            }//if
123            nxtOuputStream = conn.getDataOut();
124            System.out.println("Connect to NXT success!!");
125        } catch (Exception e) {
126            // TODO Auto-generated catch block
127            e.printStackTrace();
```

〔 PROJECT——影像採集機器人 〕

128	}
129	}

STEP6 ： 設定輸出串流與指令碼

在MouseAction的建構子內傳入PC-Android的輸出串流 「mmOutputStream」 和PC-NXT的輸出串流「mNXTDataOu」， 在程式前段我們已經建立了MouseAction建構子，在建立時會傳入串流和按鈕辨識碼， 當辨識碼為5、 7時建構子則會建立Android的串流 （第141行）、 其他則會建立NXT的串流 （第144行）。

```
138   MouseAction(DataOutputStream DATAOu,int cmd){
139           commandNumber = cmd;
140           if(commandNumber == 5 || commandNumber == 7){
141                   mmOutputStream = DATAOu;
142           }
143           else{
144                   mNXTDataOu = DATAOu;
145           }
146       }
```

STEP7 ： 設定按下滑鼠按鈕的動作

實作MouseListener的mouseClicked方法。 由於點擊按鈕包含了進入（Enter）、 離開（Exit）、 按下（Press）和放開（Release）四個動作， 因此在方法中必須要有按鈕識別碼的檢測 （第150行）。

```
148       public void mouseClicked(MouseEvent arg0) {
149           //點擊按鈕拍照
150           if(commandNumber == 5 || commandNumber == 7){
151               try {
152                   //此為手機的串流
153                   mmOutputStream.writeInt(commandNumber);
154                   mmOutputStream.flush();
155                   if(commandNumber == 5){
156                       System.out.println("Take the picture");
157                   }
158                   else{
159                       System.out.println("Say Hello");
```

（ PROJECT——影像採集機器人 ）

```
160            }
161          } catch (IOException e) {
162              // TODO Auto-generated catch block
163              e.printStackTrace();
164          }
165        }
166      }
```

STEP8 ： 設定放開與壓下滑鼠按鈕時的動作

實作 MouseListener 的 mouseReleased 和 mousePressed 方法。 做法和 mouseClicked 方法
大同小異， 都要加入按鈕識別碼的檢測機制， 以免呼叫到別的方法。

```
172      public void mousePressed(MouseEvent arg0) {
173          // TODO Auto-generated method stub
174          if(commandNumber!=5 && commandNumber!=7){
175              try {
176                  //此為NXT的串流
177                  mNXTDataOu.writeInt(commandNumber);
178                  mNXTDataOu.flush();
179                  System.out.println("Robot move, action number is "+commandNumber);
180              } catch (IOException e) {
181                  // TODO Auto-generated catch block
182                  e.printStackTrace();
183              }
184          }
185      }//mousePressed
186      @Override
187      public void mouseReleased(MouseEvent arg0) {
188          // TODO Auto-generated method stub
189          if(commandNumber!=5 && commandNumber!=7){
190              try {
191                  //此為NXT的串流
192                  mNXTDataOu.writeInt(STOP);
193                  mNXTDataOu.flush();
194                  System.out.println("Robot Stop");
195                  System.out.println("Say Hello");
```

```
195             } catch (IOException e) {
196                 // TODO Auto-generated catch block
197                 e.printStackTrace();
198             }
199         }
200     }
```

15-5. NXT 程式端製作

Ch15_NXTBot.java

NXT的程式就簡單多了， 單純地等待PC端發起連線和處理指令碼後做對應動作。 藍牙連線的部分可以參考第6章的6-2-3<NXT端程式>

STEP1： 宣告指令碼

宣告的動作指令碼。 第9行的MOVE_CAMERA是讓機器人調整相機的拍攝角度。

```
005     public static final int FWD = 1;
006     public static final int LEFT = 2;
007     public static final int RIGHT = 3;
008     public static final int BACK = 4;
009     public static final int MOVE_CAMERA = 6;
010     public static final int STOP = 9;
```

STEP2： 調整相機角度。

第46~55行是調整相機的拍攝角度。 利用第53行正負號轉換的觀念讓每次馬達執行時會和前一次轉向相反。

```
046             case MOVE_CAMERA:
047                 if(count>0){
048                 Motor.C.forward();
049                 }
050                 else{
051                 Motor.C.backward();
052                 }
053                 count = -count;
```

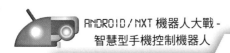

| 054 | Sound.beep(); |
| 055 | break; |

15-6. 執行程式

在Eclipse開發環境中按下Run按鈕便會執行PC端程式。圖15-7和15-8為執行時Eclipse下方Console的畫面：

只要按下介面上的按鈕，就能操控機器人到處採集影像，如果遇到人類，還可以按下「Say Hello」按鈕讓機器人發聲！

```
BlueCove version 2.1.1-SNAPSHOT on winsock
Waiting for Android to connect...
```
圖15-7 當 Android 手機與電腦連線後

```
BlueCove version 2.1.1-SNAPSHOT on winsock
Waiting for Android to connect...
Connect to Android Success!
Connect to NXT ...
Connect to NXT success!!
```
圖15-8 系統顯示連線成功訊息

圖15-9 顯示控制介面

15-7. 總結

本書到此已將現下所想到利用Android手機與樂高NXT機器人搭配的各種應用介紹完畢，我們充分利用了Android手機上提供的各種功能，例如加速度、GPS、水平儀與磁力計等不同的感應器；藍牙通訊、相機、最後是觸碰螢幕上各種控制方法上的變化。

身為本書壓軸專題，自然要拿出一些看家本領，我們結合了Android手機、樂高NXT機器人與電腦，並整合了四個層面：藍牙通訊、手機硬體、NXT運動控制和PC端介面製作。歡迎您打好基礎之後發揮想像力來擴充系統的功能，機器人的世界是充滿了無限可能，一切都等待您來挑戰！

附錄

差速驅動機器人組裝說明

附錄 A. 差速驅動機器人組裝說明

差速驅動（differential drive）是常見的機器人驅動方式，透過控制位於機器人左右側的馬達轉速，讓機器人達到各種運動的效果。例如兩個馬達等速正轉為前進、等速反轉為後退、左輪不動右輪動為左轉以及左輪正轉右輪反轉為原地右轉等等不同的效果。請看下圖說明：

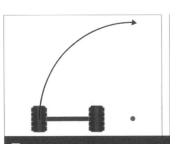

圖 A-1a
兩輪轉向相同但轉速不同，將行走弧形軌跡。

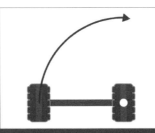

圖 A-1b
一輪動一輪不動，將以不動的那一輪為圓心來旋轉。

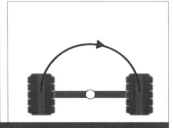

圖 A-1c
兩輪轉速相同但轉向相反，將原地旋轉。

CAVE說：小圓點就是旋轉中心！

附錄 A 會教您如何組裝本書中所使用的差速驅動機器人，我們使用 LEGO Digital Designer 軟體來繪製，您可以到 http://ldd.lego.com 下載最新版的 LDD 軟體來繪製您想要的數位模型。本附錄中的機器人 LDD 檔請至本書官網下載。

本書絕大部份的範例都是以這台雙馬達機器人為基礎，請依照下列步驟來組裝機器人，當然您也可以發揮創意組裝出符合您需要的機器人（圖 A-2）。

圖 A-2 差速驅動機器人

STEP1：

將 J 型橫桿利用插銷組裝於NXT馬達上（圖 A-3）。

STEP2：

裝上 9M 橫桿與連接器（圖 A-4）。

圖 A-3 將 J 型橫桿組裝在馬達上

圖 A-4 裝上 9M 橫桿與連接器

STEP3：

在馬達轉軸處插入套筒後套上軸承，最後裝上輪胎（圖 A-5）。

圖 A-5 將馬達裝上輪胎

STEP4：

另一側請自行組裝（圖 A-6）。

STEP5：

在馬達後側裝上〈形橫桿做為支撐，或者您可自行設計萬向輪（圖 A-7）。

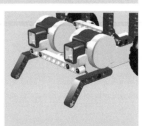

圖 A-6 機器人底盤完成

圖 A-7 在機器人後方加上兩隻支撐用的〈型橫桿

STEP6：

在馬達上下各加上一隻 7M 與 9M 橫桿，這樣可以讓機器人更堅固（圖 A-8a、A-8b）。

圖 A-8a 上方的 7M 橫桿

圖 A-8b 下方的 9M 橫桿

差速驅動機器人組裝說明

STEP7：

裝上NXT主機就完成了（圖 A-9）。

　您也可以自行加裝不同的感應器來延伸機器人的功能，例如加裝超音波來偵測機器人與周遭物體的距離，好達到避障的功能。超音波避障機器人如圖A-10。或是加裝光感應器來跟著地面上的軌跡線行走，循跡機器人如圖A-11。

圖A-9 差速驅動機器人完成　　圖A-10 超音波避障機器人　　圖A-11 循跡機器人

附錄 B. 樂高藍牙開發套件直接指令

B-1 整體架構

　　我們可以透過有線及無線傳輸方式（USB 與藍牙）來控制 NXT 主機，本附錄的資訊來源為樂高 MINDSTORMS NXT 藍牙開發套件（LEGO MINDSTORMS NXT Bluetooth Developer Kit）中的的直接指令文件（Appendix 2-LEGO MINDSTORMS NXT Direct commands）。

　　接下來要說明通訊封包的架構，圖 B-1 為一般的通訊封包架構：

Byte0	Byte1	Byte2	Byte3	⋯	ByteN		

圖 B-1 一般通訊封包架構

　　Byte0：請注意以本書範例而言，重要的為直接指令代碼與其回覆代碼，其他內容則不在本書討論範圍之中，請您自行查閱技術文件。

- **0x00**：直接指令代碼，需回應。
- **0x01**：系統指令代碼，需回應。
- **0x02**：回覆代碼。
- **0x80**：直接指令代碼，不需回應。
- **0x81**：系統指令代碼，不需回應。

　　Byte1-N：指令內容或回覆，實際內容根據封包類別而定。

最大指令長度

　　目前來說，所有的直接指令封包長度皆不可超過 64 位元組，這包括了代碼類型位元以及上述所列項目。在樂高官方文件中有說明，每個藍牙封包最前端都包含了額外兩個位元組來說明該筆資料的資料長度，但這兩個位元組並不會算入 64 位元組的長度限制當中。一筆完整的藍牙信息架構如圖 B-2：

長度，LSB	長度，MSB	指令類別	指令	位元組 2	位元組 3	⋯

圖 B-2 NXT 藍牙協定封包

所有有效的指令都符合以下規定：

1. 所有回傳的封包都包含一個狀態（**status**）位元，**0x00** 代表成功，其他任何非零的值皆為特定的錯誤狀況。

2. 所有的單獨位元值都是無號數，除非有特別說明。所有多位元值之內部資料型別都會以低位組在前的方式排列。

3. 如果某筆資料的合法範圍未特別說明時，請參閱該指令相關的文件或程式碼。

我們使用以下格式來說明變數長度，例如「Byte4-N：訊息資料」，其中N是變數大小加上指令標頭，請注意N不得大於最大指令長度 -1。

表 B-1 樂高 NXT 直接指令說明列表

直接指令類別	功能	位元說明	回傳封包
STARTPROGRAM	執行 NXT 主機上指定的程式	位元 0：0x00 或 0x80 位元 1：0x00 位元 2-21：檔案名稱，格式為 ASCIIZ- 字串。	位元 0：0x02 位元 1：0x00 位元 2：狀態位元
STOPPROGRAM	停止 NXT 主機上指定的程式	位元 0：0x00 或 0x80 位元 1：0x01	位元 0：0x02 位元 1：0x01 位元 2：狀態位元
PLAYSOUNDFILE	播放聲音檔	位元 0：0x00 或 0x80 位元 1：0x02 位元 2：重複播放（True：重複播放；False：單次播放）。 位元 3-22：檔案名稱：檔案名稱，格式為 ASCIIZ- 字串。	位元 0：0x02 位元 1：0x02 位元 2：狀態位元
PLAYTONE	播放音效	位元 0：0x00 或 0x80 位元 1：0x03 位元 2-3：單音頻率（200-14000Hz）。 位元 4-5：播放時間，單位為毫秒。	位元 0：0x02 位元 1：0x03 位元 2：狀態位元

SETOUTPUTSTATE （*位元請接續參閱表 B-2）	設定輸出端狀態	位元 0：0x00 或 0x80 位元 1：0x04 位元 2：輸出端（0-2 依序代表輸出端 A-C，或以 0xFF 代表所有輸出端）。 位元 3：電力（-100~100） 位元 4：模式* 位元 5：控制模式* 位元 6：轉彎百分比 位元 7：執行狀態* 位元 8-12：角度感應器限制	位元 0：0x02 位元 1：0x04 位元 2：狀態位元
SETINPUTMODE （*位元請接續參閱表 B-3）	設定輸入端狀態	位元 0：0x00 或 0x80 位元 1：0x05 位元 2：輸入端（0-3 依序代表輸入端 1-4） 位元 3：感應器類別* 位元 4：感應器模式*	位元 0：0x02 位元 1：0x05 位元 2：狀態位元
GETOUTPUTSTATE	取得輸出端狀態	位元 0：0x00 或 0x80 位元 1：0x06 位元 2：輸出端 A-C	位元 0：0x02 位元 1：0x06 位元 2：狀態位元 位元 3：輸出端 位元 4：電力 位元 5：模式 位元 6：控制模式 位元 7：轉彎百分比 位元 8：執行狀態 位元 9-12：角度感應器限制（對於該動作的轉動角度限制） 位元 13-16：TachoCount（從馬達前次歸零後的轉動角度） 位元 17-20：BlockTachoCount（上次動作完畢後的馬達位置） 位元 21-24：RotationCount（目前位置從馬達前次歸零起算）

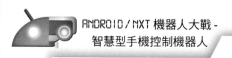
樂高藍牙開發套件直接指令說明

GETINPUTSTATE	取得輸入端狀態	位元0：0x00 或 0x80 位元1：0x07 位元2：輸入端 0-3	位元0：0x02 位元1：0x07 位元2：狀態位元 位元3：輸入端 位元4：資料是否有效 位元5：是否已校正 位元6：感應器類別 位元7：感應器模式 位元8-9：原始 A/D 值 位元10-11：正規化 A/D 值 位元12-13：換算值 位元14-15：校正值
RESETINPUTSCALEDVALUE	重設輸入值	位元0：0x00 或 0x80 位元1：0x08 位元2：輸入端（0-3 依序代表輸入端 1-4）	位元0：0x02 位元1：0x08 位元2：狀態位元
MESSAGEWRITE	寫入訊息	位元0：0x00 或 0x80 位元1：0x09 位元2：信箱號碼（0-9） 位元3：訊息長度 位元4-N：訊息資料，N為訊息長度 +3。	位元0：0x02 位元1：0x09 位元2：狀態位元
RESETMOTORPOSITION	重設馬達角度	位元0：0x00 或 0x80 位元1：0x0A 位元2：輸出端（0-2 依序代表輸出端 A-C） 位元3：相對位置（Boolean；TRUE 代表上個動作執行完後之角度，FALSE 則是角度絕對值）。	位元0：0x02 位元1：0x0A 位元2：狀態位元
GETBATTERYLEVEL	取得電池電力	位元0：0x00 或 0x80 位元1：0x0B	位元0：0x02 位元1：0x0B 位元2：狀態位元 位元3-4：電壓（毫伏）

STOPSOUNDPLAYBACK	停止聲音播放	位元 0：0x00 或 0x80 位元 1：0x0C	位元 0：0x02 位元 1：0x0C 位元 2：狀態位元
KEEPALIVE	保持開機	位元 0：0x00 或 0x80 位元 1：0x0D	位元 0：0x02 位元 1：0x0D 位元 2：狀態位元 位元 3-6：關機時間上限（毫秒）
LSGETSTATUS	取得低速裝置狀態	位元 0：0x00 或 0x80 位元 1：0x0E 位元 2：輸入端 0-3	位元 0：0x02 位元 1：0x0E 位元 2：狀態位元 位元 3：可讀取字元數
LSWRITE	寫入低速裝置	位元 0：0x00 或 0x80 位元 1：0x0F 位元 2：輸入端 0-3 位元 3：傳送資料長度 位元 4：接收資料長度 位元 5-N：傳送資料，N為傳送資料長度 +4。	位元 0：0x02 位元 1：0x0F 位元 2：狀態位元
LSREAD	讀取低速裝置	位元 0：0x00 或 0x80 位元 1：0x10 位元 2：輸入端 0-3	位元 0：0x02 位元 1：0x10 位元 2：狀態位元 位元 3：讀取位元 位元 3-19：接收資料（已填入）
GETCURRENTPROGRAMNAME	取得現正執行程式名稱	位元 0：0x00 或 0x80 位元 1：0x11	位元 0：0x02 位元 1：0x11 位元 2：狀態位元 位元 3-22：檔案名稱
MESSAGEREAD	讀取訊息	位元 0：0x00 或 0x80 位元 1：0x13 位元 2：遠端信箱號碼（0-9） 位元 3：本機信箱號碼（0-9） 位元 4：移除資料（Boolean；True 或非 0 值代表讀取後清除遠端信箱訊息）	位元 0：0x02 位元 1：0x13 位元 2：狀態位元 位元 3：本機信箱號碼（0-9） 位元 4：訊息長度 位元 5-63：接收資料（已填入）

樂高藍牙開發套件直接指令說明

參數	控制碼	說明
表B-2 SETOUTPUTSTATE 參數說明		
模式Mode（位元4）		
MOTORUN	0x01	啟動指定馬達
BRAKE	0x02	在PWM下切換轉動/煞車
REGULATED	0x04	啟動控制模式
控制模式Regulation Mode（位元5）		
REGULATION_MODE_IDLE	0x00	無控制模式
REGULATION_MODE_MOTOR_SPEED	0x01	速度控制模式
REGULATION_MODE_MOTOR_SYNC	0x02	同步控制模式
執行狀態 RunState（位元7）		
MOTOR_RUN_STATE_IDLE	0x00	輸出端將停止
MOTOR_RUN_STATE_RAMPUP	0x10	輸出端將提高轉速
MOTOR_RUN_STATE_RUNNING	0x20	輸出端將持續運轉
MOTOR_RUN_STATE_RAMPDOWN	0x40	輸出端將降低轉速

表 B-3 SETINPUTSTATE 參數說明

參數	位元	說明
感應器類別 Sensor Type		
NO_SENSOR	0x00	無感應器
SWITCH	0x01	觸碰
TEMPERATURE	0x02	溫度
REFLECTION	0x03	舊式 RCX 光感應器
ANGLE	0x04	舊式 RCX 角度感應器
LIGHT_ACTIVE	0x05	光感應器 / 燈泡啟動
LIGHT_INACTIVE	0x06	光感應器 / 燈泡關閉
SOUND_DB	0x07	聲音感應器 / 分貝
SOUND_DBA	0x08	聲音感應器 / 加權分貝
CUSTOM	0x09	自製裝置
LOWSPEED	0x0A	低速裝置
LOWSPEED_9V	0x0B	具 9V 電源之低速裝置
NO_OF_SENSOR_TYPES	0x0C	未指定感應器類別
感應器模式 Sensor Mode		
RAWMODE	0x00	原始值
BOOLEANMODE	0x20	布林模式
TRANSITIONCNTMODE	0x40	轉換計次
PERIODCOUNTERMODE	0x60	週期計次
PCTFULLSCALEMODE	0x80	百分比模式
CELSIUSMODE	0xA0	攝氏溫標
FAHRENHEITMODE	0xC0	華氏溫標
ANGLESTEPMODE	0xE0	角度感應器

附錄 C. 參考文獻

C-1 網路資源

Android 相關

1.Android Developer

http://developer.android.com

Android 開發者官方網站，可下載最新 Android 資訊、軟體開發套件（SDK）以及查閱指令說明文件。

2.Google App Inventor

http:// appinventor.googlelabs.com

Google App Inventor 官方網站，使用者可透過教學文件建置 App Inventor 環境並查閱指令說明與教學範例。也可在 App Inventor 論壇上與全球各地的使用者交換心得。

3.leJOS 官方網站

http://lejos.sourceforge.net

leJOS 官方網站，leJOS 是知名開放原始碼軟體庫 SourceForge.net 上的專案之一。無論下載、入門教學文件、API 以及 leJOS 的討論區，此地皆為必經之處。

4.Android.tw

http://android.cool3c.com/

國內 Android 同好網，您可從上面找到最新 Android 應用程式資訊、心得分享、各型號 Android 手機規格比較以及各種常見問題釋疑等等。

機器人相關

5.CAVE 教育團隊

官方網站 http://www.cavedu.com
部落格 http://tw.myblog.yahoo.com/lego-caveschool

CAVE教育團隊為國內知名的科學教育團隊，致力於推廣各種機器人與科學創意課程。現已出版多本機器人專書，經常受邀到學校去辦理技術研習課程，也持續舉辦各種有趣的技術研討會，請密切注意官方網站與部落格所發布的最新訊息。

6.Sariel.pl

http:// sariel.pl

Sariel是一位神人級的樂高專家，也是樂高官方的部落客。他作品風格以大型建築機具以及車輛為主，不但標榜全遙控且整體性非常高，零件運用也相當巧妙，值得玩家多多參考。

7.TechnicBricks

http://technicbricks.blogspot.com/

本站為樂高TECHNIC系列玩家的出沒地點，不定期會有技術文章與同好作品分享。有興趣的玩家可以從這邊獲得TECHNIC系列的最新資訊。

C-2 書籍

1.觸控設計之觀念與創意應用嵌入式系統、人機介面與Android專題實作

作者：鄭一鴻、曾吉弘

出版社：碁峰資訊

本書有別於一般的Android程式設計書籍，改由觸控這個課題來切入。依序討論了觸控的源起與相關硬體沿革、觸控設計之概念與實作、觸控輸入法與手勢之設計，最後則是觸控手勢之創意應用。本書作者以其豐富開發經驗，從實務面提供讀者許多有用的意見。

2.LabVIEW高階圖形化機器人教戰手冊

作者：吳維翰、曾吉弘、盧建邦、謝宗翰、翁子麟、黃兆民

出版社：碁峰資訊

- 使用LabVIEW高階圖形化程式環境，程式功能強大且指令豐富，可以讓您設計出各種不同的機器人。
- 本書作者群為LabVIEW專業教學團隊，實戰經驗豐富，帶領您從無到有建立起圖形化程式設計的基礎以及機器人技術，不僅適合機器人玩家閱讀，亦可做為機電整

合、訊號分析量測與自動控制課程之先導教材。

- 內容包含 **92** 個核心程式範例與 **4** 個進階專題，如：人機介面設計、飛行模擬、影像辨識追蹤以及機械式計算機原理，讓您從中學習機器人設計之重要技巧與概念。
- 機器人專題涵蓋了適用於樂高 **NXT** 機器人之周邊設備，包含：串接式伺服馬達、多合一感測模組、光感應器陣列與攝影機等，大大擴充了機器人的功能性。

3.機器人新視界：**NXC** 與 **NXT** 第二版

作者：曾吉弘、謝宗翰

出版社：藍海文化

NXC 語言與樂高 NXT 智慧型機器人能激盪出什麼樣的火花呢？本書為國內第一本使用 C 語言來控制樂高 NXT 機器人之專業教材。對於有心學習 C 語言的朋友，本書是非常適合的參考書籍。對於想要發揮 NXT 所有功能的玩家來說，更是您必備的武林寶典。

精彩內容：

- **NXC-** 針對 **NXT** 量身定作的 **C** 語言
- **BricxCC-** 簡單好用的程式環境
- 感應器與馬達
- 程式結構與進階 I/O 控制
- 平行作業與優先權管理
- 藍牙通訊與 I^2C 傳輸應用
- 豐富有趣的機器人專題

4.機器人程式設計與實作　使用 **Java**

作者：曾吉弘、林祥瑞、Juan Antonio

出版社：碁峰資訊

Java 程式語言搭配樂高 NXT 機器人，帶您進入智慧型機器人程式設計的殿堂

- 使用標準 **Java** 語法並完整支援各種函式庫
- 以樂高 **NXT** 智慧型機器人為主要硬體設備
- 書中包含數十個基礎程式範例與六個進階專題
- 使用普及率最高的樂高 **NXT 9797** 機器人為設計平台，介紹如何使用 **Java** 程式語言控制機器人執行相關的行為，包括硬體與軟體之整合，感應器及馬達之驅動程式之

使用，讓讀者可以自由發揮創意設計不同功能的機器人。

- 特別邀請 leJOS 原創開發者-Juan Antonio 參與本書的寫作，書籍內容完整且範例豐富，不僅適合機器人玩家閱讀，亦可做為 Java 程式設計與自動控制之先導教材。

- 內容包含數十個基礎程式範例與六個進階專題，如：感應器與馬達控制、藍牙通訊與網際網路、事件導向與多執行緒、機器人定位與導航等，讓您從中學習 Java 與機器人設計之重要技巧與概念。

MEMO

MEMO

MEMO

MEMO

MEMO

MEMO

MEMO

Make:
technology on your time

用超音波感知
障礙物的機器人
Makey

世界上
最便宜、最好玩的
無人駕駛飛機（UAV），
ArduPilot

ROBOTS, ROVERS, AND DRONES

Make: ROBOTS

» **速度背心**
這件輕盈的自行車背心
會在夜裡明亮地顯示
您目前的車速

» **BEAMBOT**
利用太陽能電池與電容
簡單快速地製作出
BEAM機器人大軍

» 伺服機的基本簡介與改
造技巧

» 能踢出時速200公里
自由球的機器人

» 以Arduino控制器和
麵包板來裝置編曲機

Make:Taiwan
國際中文版

vol.**01**

O'REILLY® 馥林文化
オライリー・ジャパン

www.makezine.com.tw

01

Android / NXT 機器人大戰──智慧型手機控制機器人

作　　者／林毓祥、曾吉弘、CAVE教育團隊
總 編 輯／呂靜如
系列主編／周均健
版面構成／陳佩娟
行銷企劃／鍾珮婷
封面設計／果實文化設計工作室

出　　版／泰電電業股份有限公司
地　　址／100台北市中正區博愛路七十六號八樓
電　　話／(02)2381-1180　傳真／(02)2314-3621
劃撥帳號／1942-3543 泰電電業股份有限公司
網　　站／www.fullon.com.tw

總 經 銷／時報文化出版企業股份有限公司
電　　話／(02)2306-6842
地　　址／桃園縣龜山鄉萬壽路二段三五一號
印　　刷／普林特斯資訊股份有限公司

■二〇一一年九月初版
　二〇一二年十二月初版二刷
定　　價／420元
Ｉ Ｓ Ｂ Ｎ／978-986-6076-14-5

國家圖書館出版品預行編目資料

Android/NXT機器人大戰：智慧型手機控制機器人
／林毓祥, 曾吉弘, CAVE教育團隊作. --初版.
--臺北市：泰電電業，2011. 09　面；　公分.--
（CAVE；1）

ISBN　978-986-6076-14-5（平裝）

1.機器人 2.行動電話 3.電腦程式設計
448.992029　　　　　　　　　　100014820